东方新经济
DONGFANG XINJINGJI

日経テクノロジー展望2019　世界をつなぐ100の技術

黑科技

连接世界的100项技术

日经BP／编　张小苑／译

人民东方出版传媒
People's Oriental Publishing & Media
東方出版社
The Oriental Press

前言　交叉科技改变人类的未来

回首 2018 年，可谓是“逆转的一年”。这一年里发生了太多意想不到的灾害，在大自然的威力面前，人类的智慧显得力不从心。意外的集中暴雨，意外的巨型台风，意外的地震灾害，甚至于，“虽然成功预测，但是却缺乏充足准备”之现实，都出乎人们的意料。象征着人类智慧的科技力量，在面对大自然的挑战之时，虽然不是全然无力，但不可否认的是，依然显得手足无措。

与此同时，稍加注意就会发现，从 SF 小说[①] 中走出的超越人类大脑的 AI（人工智能），以及自动驾驶汽车、飞行汽车、送货无人机、利用自身组织的再生医学等，这一类最先进的科技成果，正日益实现其实用性转化。

大自然的威力带来的意外破坏，从表面上看是技术未能赶上现实变化，但事实上，正是因为我们人类的想象力还存在局限，将技术上升到实用阶段，就依然存在着众多的发展空间。我们面对大自然时的无能为力，证实了在技术发展这条道路上，还存在着众多有待解决的课题。虽然如此，我们可以看到事情的另一方面，人类虽然并非全能，所开发的技术却日益进步，尤其是近年以来，呈现加速度发展之势，这又是为什么呢?

其中一个背景就是不同的技术、不同的专业、背景迥异的人群等众多不同的要素汇聚在一起，产生了新的化学反应，诞生了新的交错，“交叉型”

① Science Fiction 的缩略称谓，是以未来时空的背景设定来讲述故事的文体。（译者注）

科技开发应运而生，并且加速发展。战胜了职业棋手的 AI 棋手，实际上在支撑着自动驾驶技术发展。貌似没有任何关联的基础材料的进化，为量子计算机的发展带来了戏剧性变化，又潜在性地加速了再生医学的实用化发展……我们认为，SNS（社交网络服务）时代的虚拟关系，超越了现实的时间和空间，加速了交叉科技的发展，为我们的生活带来了更丰富的内容。

日经 BP（Nikkei Business Publications）拥有近二百位科技记者，报道业务涵盖电子学、机械、半导体、计算机、通信、建筑、土木、医药技术等领域，长期致力于通过电子媒体和纸质媒体报道最先进的科学技术。日经 BP 举全社之力编撰的、通俗易懂的《100 项技术》系列，如今已经进入第三个年头。较之前面两期，这一本内容更加充实。本书不但加入了预测技术未来发展路径的时间表，而且增加了由日经 BP 调查得出的“技术期待度排行榜”，提示了不同技术间交叉领域的分类，介绍了各个专业领域领军人物的寄语，在简单易懂地呈现未来技术方面，做出了新的努力。

2018 年 10 月 1 日，京都大学的本庶佑教授因在癌症免疫治疗方面所做出的贡献而被授予诺贝尔生理学或医学奖，关于这一成果，本书亦有介绍。

本书的编纂人员衷心希望这本书能够超越人群、领域和国家的界限，为所有致力于加速交叉型技术创新的朋友们贡献一份力量。

日经 BP　首席执行委员　技术媒体总局长

寺山正一

目　录

第1章
交叉时代的来临

大石基之 日经×TECH
户川尚树 日经×TECH
浅野祐一 日经×TECH、日经 Home Builder
山本惠久 日经×TECH、日经建筑

多种技术相互交叉，并且与生活、商业、都市、社会交汇融合，继而将世界联结在一起，今后这种“交叉”将会开启更活跃的模式。

众所周知，日本是一个相比其他国家而言更早经历人口急速下降和超高老龄化的国家，是一个“问题发达国家”。以城市为例，日本的首都东京为在国际化大都市间的竞争中谋求生存，正在不断进行城市革新和改造。而财政困难缠身的地方城市，则试图通过与市民合作等手段探索城市的生存、发展道路。

支撑和促进上述城市革新与发展的正是科技。连接世界的代表性科技——ICT（信息通信技术）在与各领域科技相互交叉的过程中，一方面促进了科技间的联系，另一方面也在改变城市和乡镇方面发挥着重要作用。

本书由日经 BP 的专业媒体主编及记者在聚焦“交叉”的基础上，选取了未来颇具前途的科技内容，并对其进行解说。第 4 章讲述 AI（人工智能）和 IoT（物联网）领域的交叉，第 5 章讲述 AR（增强现实）、VR（虚拟现实）和数字艺术领域的交叉，第 6 章讲述自动驾驶和机器人领域的交叉。

在进入上述三章内容之前，本书将在第 2 章介绍千人问卷调查——“技术期待度排行榜”的结果，调查对象包括企业的管理者、技术骨干以及利用技术的相关部门负责人。

无论科技如何进步，主角都是人类。在生命科学领域，再生医疗、合成生物学等新型技术不断发展，我们将在第 3 章讲述生命科学领域的交叉科技。2020 年的东京奥运会要求日本提供万无一失的安全保障，我们将在

第 7 章讲述安全领域的交叉科技。在章节与章节之间，我们还穿插了连接各个领域的关键人物的建言。

下面，我们结合九个关键词语来看新的方法与科技是如何改变城市和街区的。

· 都市的 Digital Twin

利用虚拟都市探讨城市开发

“Digital Twin”是指在数字虚拟空间中所构建的虚拟事物，它与物理实体空间中的实体事物相对应，是一种映射关系，在形态和举止上都高精度相似。它以数字化方式为物理对象创建虚拟模型，模拟其在现实环境中的行为特征，进行验证，为制造业提供服务。它利用 IoT 收集数据，利用 AI 分析数据，进而利用 AR、VR 及数字艺术展示“Twin”。

这项技术虽然诞生于制造业，但其应用范围也在向城市建设扩展，正在进行大规模改造的东京・涩谷地区早已成为该技术的应用对象。致力于数字艺术和科技的 Rhizomatiks 团队[①]使用 3D 扫描技术制作涩谷扫描图，添加建筑物的高度和用途等信息，尝试进行视觉展示。

这是日本经济产业省“3D City Experience Lab.”项目的成果，Rhizomatiks 的董事代表斋藤精一就其意义进行了总结：“这个项目旨在对多方面的应用对策进行思考，如展示 3D 化魅力的同时，如何突破公开各类数据时面临的障碍等。其成果可用于城市指南及施工状态的确认等。而且，如果我们能够将各种最新的公开数据统合起来，进行整体思考的话，很有可能创造出比现在更有特色的城市开发规划。”

Rhizomatiks 将涩谷的地下进行了 3D 扫描并连接了起来，在制作

---

① Rhizomatiks 是一支日本的科技团队，2006 年成立于东京，致力于跨界并接通媒体艺术的社会影响力。在过去的十几年间，他们以现场演出、艺术装置、公共项目等形式参与日本国内外重大活动，包括制作巴黎时装周、米兰世博会，以及里约奥运会的“东京八分钟”。（译者注）

"Shibuya 3D Underground"时，公司与土地所有人一起考察了涉谷的地下，为的是在公开数据时，可以明确区别哪里是需要获得认可的区域。

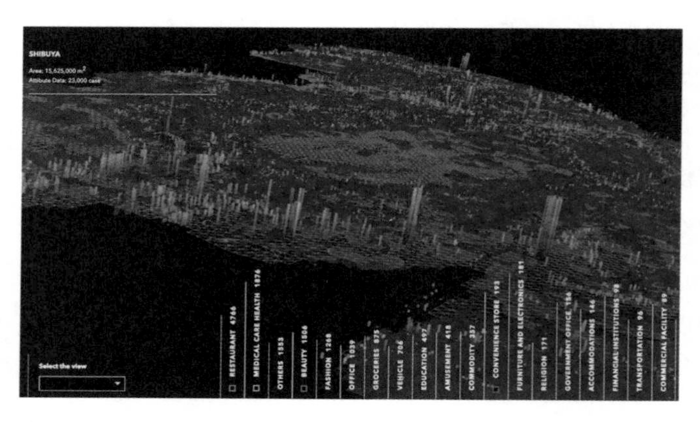

出处：Rhizomatiks

图 1–1　涩谷 3D DATA × GEOLOCATION

以东急电铁公司提供的航拍照片为素材，使用摄影测量技术（即利用多张照片的视差来进行 3D 建模），用 VR 展示涩谷的项目也在积极进行中。

出处：Rhizomatiks

图 1–2　涩谷 3D 地下

谈到真正意义上的“都市 Digital Twin”，新加坡政府机构——国家研究基金会（NRF）发起的“Virtual Singapore”项目是其中一个。

在该项目中，位于法国的CAD供应商达索系统公司（Dassault Systems）负责3D建模，并使用了城市建设解决方案——“3D Experien City”。该公司解释道：“（我们）可以进行环境、防灾、交通等方面的各项模拟，在问题变严重之前清楚地把握状况，并反映到城市规划和城市政策之中。”

在新加坡，根据相关规定，人们在提出建筑确认申请时必须得使用“BIM（Building Information Modeling）”数据。未来，每栋建筑物的BIM数据都可能被纳入“Virtual Singapore”。

出处：Dassault Systemes

图 1–3 Virtual Singapore

· 时间地图

利用城市街道、开发闲置房屋

目前产生的新型城市规划动向是利用3D城市数据作为规划工具进行城市建设。针对这个动向，城市研究室 hclab. 开发了城市街道网络分析软件——Street View。

该软件首先着眼于“移动时间的可视化”，即着眼于从某个起点到目的地的移动时间，为方便对该移动时间进行访问（可访问性），将其进行可视化。平面设计师杉浦康平在 20 世纪 60 年代就提出了“时间地图”的想法，这个软件实际上是将他的想法进行了计算机化的尝试。

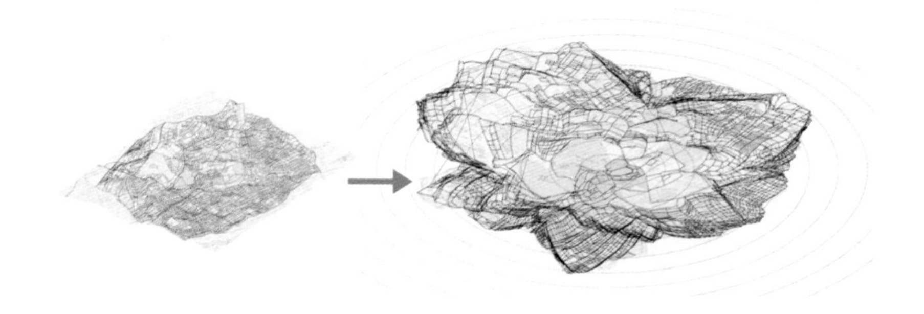

出处：hclab.

根据移动时间的长短变形重构后的地图。左为变形前，右为变形后

图 1–4 “时间地图”图示

hclab. 由三人共同创建，他们分别是青梅市中心城区复兴协会的国广纯子、建筑家市川创太（DoubleNegatives Architecture 代表董事）、东京大学生产技术研究所新井崇俊。

该城市研究室的主要目标是“通过不断积累小型研究的经验，不断验证及修正路线，进而开发出新的城市建设方法”（新井崇俊）。也就是说，虽然传统的城市规划经验需要借鉴，但是很多过去的经验已经无法满足现在人们对生活的需要。

国广纯子正致力于促进青梅市商业街闲置店铺的有效利用，为了合理地盘活散布在街道上的闲置不动产，需要借助城市街道网络分析软件。“在与不动产业所有者谈判时，为了更好地进行说明，有时会给他们看分析结果，这与传统的房产中介的交易形式不同，是一次新的尝试”（国广纯子）。

利用分析结果，从可访问性的角度评估某片土地，与业主进行协商，甚至能够从“视野”的角度进行分析，如在某处能够眺望风景，在某处可以眺望绿色植被等，这样更加清晰而有说服力。

“通过不断积累小型研究的经验，不断验证及修正路线，进而开发出新的城市建设方法”，为实现这一目标，设计师的参与是必不可少的。如果能够把设计评估因子添加到软件中，并分享给相关人员的话，在考虑闲置不动产的有效利用时，很容易就可以在设计师所涉及的领域达成一致。此外，今天的公共建设投资当中，提高设计质量的预算已经越来越少了，城市研究室 hclab. 的软件开发努力，不失为解决这个问题的方法之一。

出处：hclab.

图 1–5　用城市街道网络分析软件 Street View 显示以青梅站为基点的时间距离地

· ART（新一代城市交通系统）

无人驾驶型公共交通工具

汽车的自动驾驶系统，也就是无人驾驶给城市建设带来了巨大的影响，国家正在积极推动将自动驾驶系统应用到公共交通中，即 ART[①]（Advanced Rapid Transit 新一代城市交通系统）的大规模试点正在积极推进当中。

新能源与产业技术综合开发组织（NEDO）主导推进了一项试点测试，

① Advanced Rapid Transit，ART 技术由加拿大 Bombardier 公司开发，是一项无人驾驶系统，其运用线形感应马达让列车平稳而安静运行，板载电脑系统接收来自轨道线路上的无线信号，控制中心能观测到每辆列车的运行情况。（译者注）

该试点由日立制作所等机构受委托开展。在试点中，为了缩短时间、防止延误，实验组收集了各种交通信息，并对这些信息进行管理，从而控制大型自动驾驶公交车。与此同时，还对老年人和轮椅使用者在上下自动驾驶公交车时可能遇到的困难、障碍进行把握，从而验证相关支援系统的有效性。

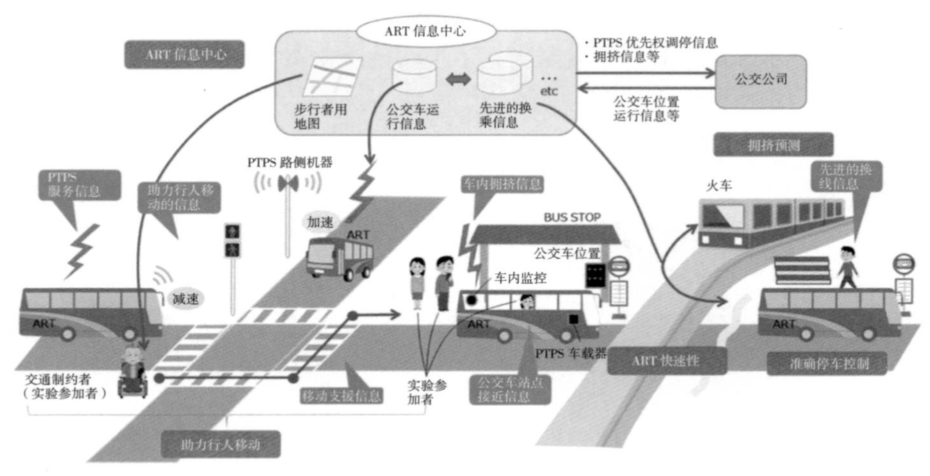

出处：日立制作所、Pacific Consultants、计量计划研究所

图 1–6 ART（新一代城市交通系统）

· 自动代客泊车

改变停车场使用方式

随着自动驾驶技术的发展，停车场的停车方式也会发生变化。在人口密度很高的城市，如果基础设施建设跟不上城市规模的扩大，就会阻碍自动驾驶车辆的普及。

相关制造商已经发布了自动停车技术，完全自动化停车已经变得可能。与以往把车交给停车场工作人员，让他们“代客泊车”相比，自动停车技术也可以实现无人化。与此同时，与机械式停车场相适应的变革也已经出现，日本的群马大学和“新明和工业”在 2017 年 11 月宣布，将共同“开发一个系统，即在停车场的设备上及周边道路上安装感应器，从而实现对道路的管制，并正确引导车辆的出入库”。双方计划在未来的数年内实现这一开发的试点测试。

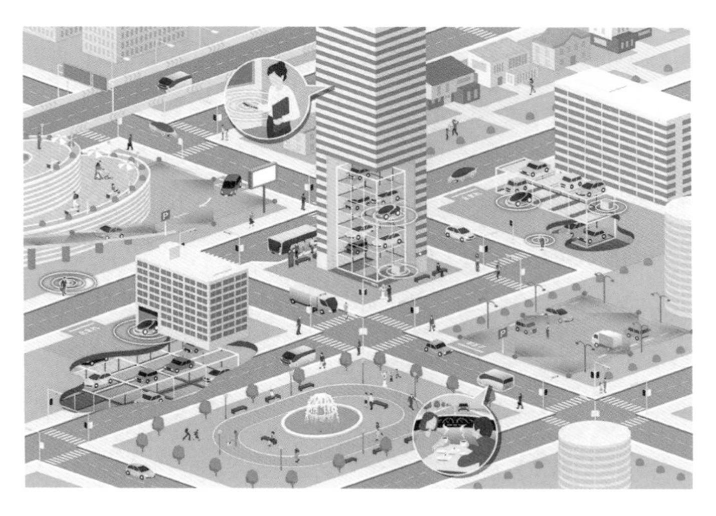

出处：新明和工业、群马大学

图 1–7　拥有机械式自动代客泊车的城市生活预测

· 万亿传感器社会

管理多达一万亿的传感器

要实现城市的 3D 化和自动驾驶，其中不可缺少的就是必要数据的输入。随着 IoT 的发展，不仅是建筑物和建筑物内的机器，甚至整个城市环境都将被传感器包围。人流、物流，以及他们所产生的空间环境，每一个物体的状态都有可能被实时监控。人们甚至提出了“万亿传感器”这一概念，即截至 2023 年，全世界将安装 1 万亿个传感器，其后规模会继续维持并不断更新。

为了让城市适应这种状况，有必要对包括建筑物在内的空间元素进行分类和编号，并让传感器与之相对应，进而有效地进行个体管理和整体运筹。从制造、制作阶段就对每个空间元素进行编号是合理有效的，接下来，管理这些信息的 BIM（Building Information Modeling）也会登场。

· ICT 区域管理

彻底利用城市的一切空间

如果能够将城市每个区域的各种数据汇总的话，还可以将其用于建筑设计以外的商业服务。实际上，目前活用城市数据，进行商业化的运作已经是进行时了。

当然，数据终归只是配角，由建筑物和空间构成的城市本身依然是主角，对此，日建设计综合研究院首席研究员川除隆广提出“ICT（Information and Communication Technology）区域管理”的概念。

以土地价值地图为例，东京二十三区的土地价值地图就直观地展示了城市发展项目带来的土地价值的变化。观察 1983 年、2000 年、2015 年的地价变化能够发现，主要开发区域的地价一直是保持在同一水平或是呈上升趋势的。

虽然这只是一个例子，但由此可知的是，通过收集和分析区域数据，“可以实现城市空间的彻底利用，也可以在实际操作的过程中，不断进行模拟和路线修正，从而找到最合适的方案。这是真正的空间设计时代的到来”（川除隆广）。

若想增加每个城市区域的价值，提高整个城市的国际竞争力，就要最大化和最优化地利用这个城市的所有现有资源，其中当然包括城市建筑。“在改变各种细小的硬件之前，先要彻底地利用好现有资源。在不久的将来，安装传感器等操作，将会给实际利用带来巨大的变化”（川除隆广）。

日建设计综合研究院与日本总务省共同进行的 ICT 区域管理研究还在持续，他们首先展示了人流量大的主要车站周边和铁道沿线的效果图。

如果 IoT 能够渗透到城市的各个角落，那么，原本由于成本限制等无法控制的空间，就可以等到统一管理了。关于基础设施和设备状态，以及其使用者动向的“可处理信息量”，在未来会呈现指数级增长，对这些信息的掌握，将有利于预测城市中各种事件的发生，也有利于各类计划的进一步优化。

同时，收集到的庞大数据，也需要创建一些平台进行管理。例如，若收集了区域内某建筑物的 BIM（Building Information Modeling）模型，就可以作为一个平台使用，用于处理与其相关的数据。

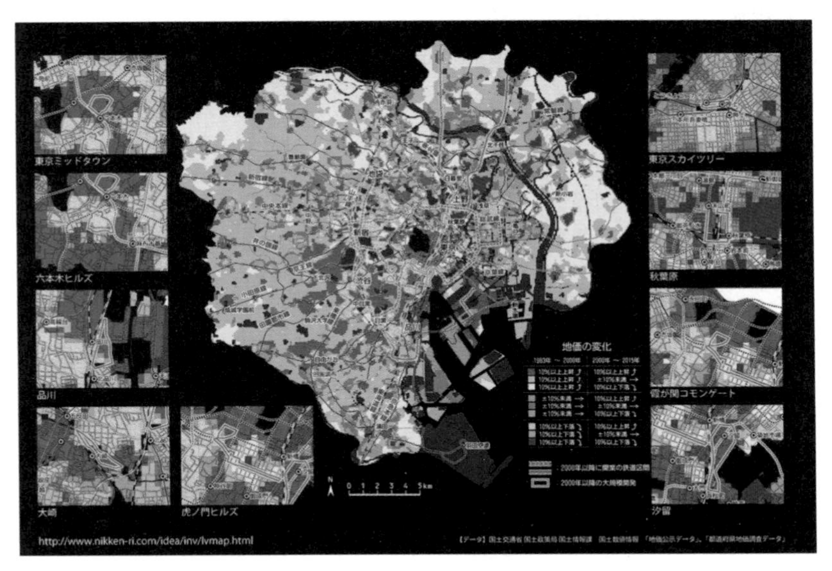

出处：日建设计综合研究所

图 1-8　为推进 ICT 区域管理制作的土地价值地图

· 数据公开

数据的广泛流通是关键

在这个 ICT 区域管理等可以提供城市相关信息的时代，如何利用安装在智能手机上的 GPS（Global Positioning Systems）、相机、WiFi 等功能获取“人流数据”，成为一个至关重要的问题。

需要注意的是，处理这些人流数据需要一些规则。例如，为了广泛地进行问题分析，我们给予区域外的民间组织使用该区域数据的权利，“但是必须明确其使用条件”（川除隆广）。重要的是向区域内相关人员展示人流数据能够带来的社会效应，如创造出商业人流、减灾防灾等，以此获得他们的认可。

另一方面，根据 2016 年通过的《官民数据活用推进基本法》，日本开始着手促进数据的进一步灵活应用。例如，开放数据政策，广泛沟通政府与各级地方组织持有的行政数据，通过ICT提高城市管理效率，加强网络信息安全等，数据的公开、有效利用正在不断展开。

· 区块链

提高交易效率

互联网上的“区块链”技术被解释为分布式账本，在城镇建设和建筑领域可以发挥其作用，用于需认证信息的流通和存档等。

区块链技术利用块链式数据结构来验证与存储重要数据，利用密码学的方式保证数据传输和访问的安全，使得数据不可篡改，其原本是电子货币——比特币交易的底层技术。

如果区块链能够普及，则由BIM构建的设计、施工数据等历史信息的共享，包括资格关系和建筑确认在内的许可等所有的信息管理，都能够实现合理化处理。此外，还有促进各种城市资产共享，以及促进闲置资产再利用的作用。

· 现实世界游戏

实现“动员人力”的理念

当然，并不是仅仅通过ICT的发展和数据的利用，人群、城市和社会就会发生改变，所以有必要提出“动员人力”这个理念。

有一个全球挑战游戏，成功地实现了让日本的鸟取砂丘3天内吸引到87000人的预想，参与研发、运营此游戏的“Niantic”[①]公司将之命名为“Pokémon Go”手游。

游戏公司称，“玩家为了收集口袋精灵，需要不停地在街上走动，以提升自身的实力，这在不知不觉间也锻炼了身体。”

---

① Niantic Labs于2015年8月从谷歌脱离，成为一家独立游戏公司。9月，公司与任天堂共同发布了游戏“Pokémon Go”。（译者注）

在一个有吸引力的游戏的引导下，人们享受游戏乐趣的同时，也开始享受自然，当人们开始行动起来之后，购物也会变得积极，进而成为振兴城市的催化剂。

在人们日常生活的城市中，通过增加 VR/AR 等技术，以新理念为基础，叠加构建虚拟架构，在这样一个新型环境之下，是否能够确立“动员人力”的理念，影响着城市、街道的更新和复兴的成败。

出处：Niantic,Inc.

图 1–9　2017 年 11 月在鸟取砂丘举办的“Pokémon Go”活动

连接家用电器与住宅

津贺一宏　松下社长

对于迄今为止的制造业而言，什么是好的产品，我们一直都有清晰的答案。但是，在一个全新的领域，无人知晓它会创造出什么样的价值。比如 IoT 住宅，没有人知道什么样的 IoT 住宅是最好的。我认为涉足这样的新领域非常有意思，同时，松下也应该成为涉足新领域的“领头羊”。

第 2 章
科技期待指数排行榜

谷岛宣之 日经 BP 总研

在未来两年商务人士所期待的科技排行榜中，排行第一位的是“AI-机械学习 / 深度学习”，第二位是“AI- 语音对话”，由此可以看出，大家对 AI（人工智能）的期待度很高。排名第三位的是“自动驾驶 - 操舵”，第五位是“自动驾驶 - 停车辅助”，与 AI 相同，人们对自动驾驶的期待也很高。

此调查由日经 BP 总研和日经 BP 咨询公司主办，从 2018 年 6 月 18 日持续到 7 月 16 日，调查对象是日经 Business Online 和日经×TECH 等日经 BP 公司的互联网媒体读者，共收到 1006 位受访者的有效回复。

日经 BP 总研在 2018 年出版的《黑科技：驱动世界的 100 项技术》一书所列技术基础上进行了精炼整合，从其中的 120 项技术中删除掉相似度高的技术，同时追加其他被认可的重要技术，最终将调查对象确定为 75 项技术。

受访者需要从 75 项技术中选出五项“未来两年备受期待的技术”，日经 BP 总研社按照选票的高低对技术进行排名。排名前十位中除了第八位的“再生医疗”，其余都是信息技术领域或与 IT 交叉的科技，如 AI 与自动驾驶，支撑 VR（虚拟现实）、AR（增强现实）基础的 IoT（物联网）和 5G（第五代移动通信技术）等。

在自动驾驶领域，无论是操舵技术还是停车辅助技术，在 2019 年都不能称之为正式进入了实用阶段；关于 5G 的服务，虽然其中一部分服务在讨论先期投入的可能，但大部分服务还是要等到 2020 年才可能开始。尽管如此，自动驾驶和 5G 依然荣居榜首，大概是因为 2019 年两者正式运用的各项准备即将开始，人们期待着它们能够给社会和商业带来一些改变。

此外，基于 2018 年诺贝尔生理学或医学奖获得者京都大学本庶佑教授的研究成果而诞生的“免疫检测点抑制剂”也成功上榜。

表 2-1　未来两年科技期待指数排行榜

（有效回答 1006 人）

排行	科技名称	百分比
1	AI－机械学习 / 深度学习	61.8
2	AI－语音对话	57.4
3	自动驾驶－操舵	55.4
4	IoT（物联网）	53.9
5	自动驾驶－停车辅助	46.7
6	5G（第五代移动通信技术）	44.6
7	VR（虚拟现实）	42.9
8	再生医疗	39.9
9	商用无人机	38.2
10	AR（增强现实）	33.4
11	AI－专用处理器	31.6
12	现场援助机器人	31.5
13	二维码结算	30.3
14	区块链	29.8
15	IoT 工厂	28.8
16	RPA（机器人过程自动化）	25.1
17	全固态电池	23.7
18	金属 3D 打印机	23.0
19	老年人看护系统	22.9
20	协作机器人	22.4
21	量子计算机	20.2
22	导管心脏治疗	17.4
23	互联网远程诊疗	16.7
24	MR（混合现实）	16.6
25	免疫检测点抑制剂	15.8
26	新一代手术辅助机器人	15.4
27	虚拟货币	14.9
28	基础设施监测	13.8
29	新一代图像传感器	12.3
30	3D 激光雷达（LiDAR）	11.7

出处 :《驱动世界的技术》相关调查及日经 BP 总研、日经 BP 咨询公司实施的咨询调查。基于《黑科技 : 驱动世界的 100 项技术》一书中记载的技术，选取了 75 项科技列表并进行网络问卷调查。受访者选出 5 项在未来的 2019—2030 年期间“备受期待的技术”，日经 BP 总研社按照得票数的高低对技术进行排名。

日经 BP 总研将受访者分为三组，分别为“综合管理 / 企划业务”、“研究 / 开发 / 设计 / 技术”、“行政 / 人事 / 会计 / 营销 / 市场”，并将各组受访者对科技的期待度也分别进行排名。从三组的科技期待指数排行榜来看，“AI 和自动驾驶”位居榜首的势头不变，而 IoT 在“综合管理 / 企划业务”和“行政 / 人事 / 会计 / 营销 / 市场”中的排名高于在“研究 / 开发 / 设计 / 技术”中的排名。IoT 是指将各种物品和产品连接到互联网。技术人员以外的受访者对 IoT 寄予了高度期待，他们期待通过这种新的连接产生新的价值。比起他们，技术人员可能已将 IoT 视为一种习以为常的手段了，因此虽然也有期待，但期待度并未闯进前三名。

在“研究 / 开发 / 设计 / 技术”人员回答的排行榜上，“再生医疗”位居第五，高于在“综合管理 / 企划业务”组和“行政 / 人事 / 会计 / 营销 / 市场”组的排名。再生医疗不仅需要考虑技术方面的问题，还需要考虑法律和道德伦理方面的问题，目前虽然已经在谨慎推进，但技术人员可能还是希望事态的推进能够更加迅速。

本次问卷也调查了三组受访者对“2030 年备受期待的技术”的预期，并且同“未来两年备受期待的技术”一样，对全体及三组的结果分别进行了排名。

2030 年科技期待指数排行榜中位居第一的是“再生医疗”，并且在“综合管理 / 企划业务”、“研究 / 开发 / 设计 / 技术”、“行政 / 人事 / 会计 / 营销 / 市场”三组排名结果中均是第一位。

在 2030 年科技期待指数排行榜中，排名第六位的是“生物嵌入式设备”，第七位是“互联网远程诊疗”，第八位是“新一代手术辅助机器人”，与未来两年科技期待指数排行榜相比，医疗领域有更多项技术入围。虽然目前正在推进家电、住宅、汽车、社会基础设施等多领域的科技交叉，但最大的新大陆还是人类本身。虽说与生命有关的科技必须谨慎推进，但到 2030 年，生命、人类、医疗等领域的各类科技的交叉无疑会是非常活跃的。

比较 2030 年与未来两年的期待指数排行榜，还有一项引人注目的结果是“量子计算机”在 2030 年的排行榜上名列第四位，该项科技在技术人员以外的受访者，即“综合管理 / 企划业务”组和“行政 / 人事 / 会计 / 营销 / 市场”组的回答排名中也名列前茅。

表 2-2　未来两年科技期待指数排行榜——“综合管理 / 企划业务”组

（有效回答 252 人）

排行	科技名称	百分比
1	AI 语音对话	63.3
2	AI- 机械学习 / 深度学习	62.7
3	IoT（物联网）	58.3
4	5G（第 5 代移动通信技术）	52.4
5	VR（虚拟现实）	52.0
6	自动驾驶—操舵	51.2
7	商用无人机	41.8
8	区块链	39.2
9	再生医疗	38.1
10	自动驾驶—停车辅助	38.0
11	现场援助机器人	36.0
12	AR（增强现实）	32.1
13	二维码结算	32.0
13	全固态电池	32.0
15	AI- 专用处理器	31.0
16	老年人看护系统	30.4
17	RPA（机器人过程自动化）	28.6
18	协作机器人	28.0
19	金属 3D 打印机	26.7
20	IoT 工厂	25.3
21	量子计算机	24.0
22	新一代手术辅助机器人	17.7
23	MR（混合现实）	16.5
23	基础设施监测	16.5
25	免疫检测点抑制剂	16.0
26	低成本基因组编辑	14.7
27	虚拟货币	14.3
28	导管心脏治疗	12.0
29	互联网远程诊疗	11.9
30	纤维素纳米纤维	11.4

出处 :《驱动世界的技术》相关调查及日经 BP 总研、日经 BP 咨询公司实施的咨询调查。基于《黑科技 : 驱动世界的 100 项技术》一书中记载的技术，选取了 75 项科技列表并进行网络问卷调查。受访者选出 5 项在未来的 2019—2030 年期间“备受期待的技术”，日经 BP 总研社按照得票数的高低对技术进行排名。

表 2-3 未来两年科技期待指数排行榜——"研究 / 开发 / 设计 / 技术"组

（有效回答 283 人）

排行	科技名称	百分比
1	AI- 机械学习 / 深度学习	62.6
2	自动驾驶 - 操舵	59.8
3	自动驾驶 - 停车辅助	55.6
4	AI- 语音对话	53.8
5	再生医疗	45.3
6	IoT（物联网）	44.4
6	5G（第五代移动通信技术）	44.4
8	商用无人机	40.2
9	VR（虚拟现实）	40.0
10	AR（增强现实）	38.5
11	AI- 专用处理器	32.5
12	现场援助机器人	29.6
13	金属 3D 打印机	27.8
14	IoT 工厂	25.6
15	区块链	24.8
16	老年人看护系统	23.9
17	二维码结算	21.7
17	量子计算机	21.7
19	RPA（机器人过程自动化）	18.8
20	协作机器人	18.3
21	新一代手术辅助机器人	17.9
22	虚拟货币	17.1
22	互联网远程诊疗	17.1
24	3D 激光雷达（LiDAR）	16.5
25	基础设施监测	16.2
26	导管心脏治疗	15.7
26	新一代图像传感器	15.7
26	全固态电池	15.7
29	免疫检测点抑制剂	14.8
30	生物嵌入式设备、MR（混合现实）	14.5

出处：《驱动世界的技术》相关调查及日经 BP 总研、日经 BP 咨询公司实施的咨询调查。基于《黑科技：驱动世界的 100 项技术》一书中记载的技术，选取了 75 项科技列表并进行网络问卷调查。受访者选出 5 项在未来的 2019—2030 年期间"备受期待的技术"，日经 BP 总研社按照得票数的高低对技术进行排名。

表 2-4　未来两年科技期待指数排行榜——“行政 / 人事 / 会计 / 营销 / 市场”组

（有效回答 234 人）

排行	科技名称	百分比
1	IoT（物联网）	62.9
2	AI- 机械学习 / 深度学习	59.5
3	AI- 语音对话	55.4
4	自动驾驶 - 操舵	47.1
5	自动驾驶 - 停车辅助	45.9
6	VR（虚拟现实）	41.8
7	5G（第五代移动通信技术）	40.0
8	再生医疗	38.6
9	商用无人机	37.8
10	区块链	35.1
11	现场援助机器人	34.2
12	二维码结算	32.9
13	IoT 工厂	32.4
14	AR（增强现实）	31.4
14	AI- 专用处理器	31.4
16	协作机器人	26.6
17	全固态电池	25.3
18	导管心脏治疗	22.8
19	互联网远程诊疗	21.4
20	老年人看护系统	20.3
21	RPA（机器人过程自动化）	20.0
22	金属 3D 打印机	17.7
22	免疫检测点抑制剂	17.7
24	MR（混合现实）	17.6
25	OPEN API	16.2
26	虚拟货币	14.3
26	行驶中供电	14.3
28	纤维素纳米纤维	13.5
28	新一代手术辅助机器人	13.5
28	精密农业	13.5

出处 :《驱动世界的技术》相关调查及日经 BP 总研、日经 BP 咨询公司实施的咨询调查。基于《黑科技 : 驱动世界的 100 项技术》一书中记载的技术，选取了 75 项科技列表并进行网络问卷调查。受访者选出 5 项在未来的 2019—2030 年期间“备受期待的技术”，日经 BP 总研社按照得票数的高低对技术进行排名。

表 2-5　2030 年科技期待指数排行榜

（有效回答 1006 人）

排行	科技名称	百分比
1	再生医疗	58.0
2	自动驾驶－操舵	47.5
3	AI－机械学习 / 深度学习	43.2
4	量子计算机	42.1
5	自动驾驶－停车辅助	42.0
6	生物嵌入式设备	34.9
7	互联网远程诊疗	32.8
8	新一代手术辅助机器人	29.2
9	协作机器人	28.6
10	VR（虚拟现实）	27.1
10	全固态电池	27.1
12	现场援助机器人	26.8
13	精密农业	25.1
14	AI－语音对话	24.1
15	人工光合作用	22.0
15	驾驶中供电	22.0
17	老年人看护系统	21.4
18	沙漠绿化	21.0
19	溶瘤病毒	20.7
20	超临界地热发电	20.3
20	AI－专用处理器	20.3
22	低成本基因组编辑	20.0
23	自愈陶瓷	19.0
24	免疫检测点抑制剂	17.5
25	密闭型植物工厂	17.1
26	商用无人机	16.3
27	心脏稳定器设备	16.1
28	肠道细菌疗法	15.9
29	IoT 工厂	15.6
30	IoT（物联网）	14.4

出处：《驱动世界的技术》相关调查及日经 BP 总研、日经 BP 咨询公司实施的咨询调查。基于《黑科技：驱动世界的 100 项技术》一书中记载的技术，选取了 75 项科技列表并进行网络问卷调查。受访者选出 5 项在未来的 2019—2030 年期间“备受期待的技术”，日经 BP 总研社按照得票数的高低对技术进行排名。

表 2-6　2030 年科技期待指数排行榜 ——“综合管理 / 企划业务”组

（有效回答 252 人）

排行	科技名称	百分比
1	再生医疗	63.3
2	AI- 机械学习 / 深度学习	52.2
3	自动驾驶 - 停车辅助	47.9
4	量子计算机	47.8
5	自动驾驶 - 操舵	43.0
6	互联网远程诊疗	35.4
7	协作机器人	33.3
7	全固态电池	33.3
9	生物嵌入式设备	32.9
9	AI- 语音对话	32.9
11	新一代手术辅助机器人	28.8
12	精密农业	27.4
13	AI- 专用处理器	26.6
14	现场援助机器人	24.6
15	VR（虚拟现实）	23.2
16	驾驶中供电	22.8
17	老年人看护系统	20.5
18	IoT（物联网）	20.3
19	纤维素纳米纤维	19.2
19	自愈陶瓷	19.2
21	超临界地热发电	19.0
22	溶瘤病毒	19.0
23	低成本基因组编辑	18.8
24	区块链	17.8
25	沙漠绿化	17.8
26	AR（增强现实）	17.7
27	金属 3D 打印机	17.4
28	心脏稳定器设备	16.5
29	肠道细菌疗法	16.4
30	人工光合作用	15.2

出处：《驱动世界的技术》相关调查及日经 BP 总研、日经 BP 咨询公司实施的咨询调查。基于《黑科技：驱动世界的 100 项技术》一书中记载的技术，选取了 75 项科技列表并进行网络问卷调查。受访者选出 5 项在未来的 2019—2030 年期间“备受期待的技术”，日经 BP 总研社按照得票数的高低对技术进行排名。

表 2-7　2030 年科技期待指数排行榜——“研究 / 开发 / 设计 / 技术”组

（有效回答 283 人）

排行	科技名称	百分比
1	再生医疗	55.4
2	自动驾驶 - 操舵	48.2
3	AI - 机械学习 / 深度学习	42.7
4	生物嵌入式设备	39.1
4	自动驾驶 - 停车辅助	39.1
6	量子计算机	36.9
7	互联网远程诊疗	33.0
8	新一代手术辅助机器人	32.7
9	驾驶中供电	29.5
9	人工光合作用	28.6
11	VR（虚拟现实）	28.2
12	现场援助机器人	27.2
13	全固态电池	25.2
14	精密农业	24.5
15	协作机器人	22.3
16	超临界地热发电	21.4
17	可自我修复瓷	20.9
17	AI - 语音对话	20.9
19	溶瘤病毒	20.5
20	肠道细菌疗法	20.0
21	密闭型植物工厂	19.4
22	沙漠绿化	19.1
22	老年人看护系统	19.1
24	免疫检测点抑制剂	18.4
25	低成本基因组编辑	17.5
26	IoT 工厂	17.3
27	AI - 专用处理器	17.0
28	心脏稳定设备	15.2
29	导管心脏治疗	14.6
30	空间显示器	13.6

出处：《驱动世界的技术》相关调查及日经 BP 总研、日经 BP 咨询公司实施的咨询调查。基于《黑科技：驱动世界的 100 项技术》一书中记载的技术，选取了 75 项科技列表并进行网络问卷调查。受访者选出 5 项在未来的 2019—2030 年期间“备受期待的技术”，日经 BP 总研社按照得票数的高低对技术进行排名。

表 2–8　2030 年科技期待指数排行榜——“行政 / 人事 / 会计 / 营销 / 市场”组

（有效回答 234 人）

排行	科技名称	百分比
1	再生医疗	53.0
2	自动驾驶 - 操舵	50.0
3	自动驾驶 - 停车辅助	42.9
4	量子计算机	40.6
5	AI - 机械学习 / 深度学习	39.1
6	协作机器人	31.9
6	现场援助机器人	31.9
8	生物嵌入式设备	30.0
9	VR（虚拟现实）	29.0
10	互联网远程诊疗	28.8
11	新一代手术辅助机器人	28.6
12	精密农业	25.7
12	商用无人机	25.7
14	全固态电池	23.2
15	沙漠绿化	22.9
16	低成本基因组编辑	21.7
17	AI - 语音对话	21.4
18	人工光合作用	21.2
18	肿瘤裂解病毒	21.2
20	老年人看护系统	20.0
21	AI - 专用处理器	19.7
22	心脏稳定器设备	18.2
22	IoT（物联网）	18.2
22	超临界地热发电	18.2
22	内部缺陷的可视化	18.2
26	密闭型植物工厂	17.4
27	开车时供电	16.7
28	3D 激光雷达（LiDAR）	15.9
28	免疫检测点抑制剂	15.9
30	MR（混合现实）、肠道细菌疗法	15.7

出处：《驱动世界的技术》相关调查及日经 BP 总研、日经 BP 咨询公司实施的咨询调查。基于《黑科技：驱动世界的 100 项技术》一书中记载的技术，选取了 75 项科技列表并进行网络问卷调查。受访者选出 5 项在未来的 2019—2030 年期间“备受期待的技术”，日经 BP 总研社按照得票数的高低对技术进行排名。

关于在 2019 年至 2030 年期待度排行榜中名列前茅的技术，将在本书的各章进行详细讲解。

此次问卷不仅调查了科技期待指数，还调查了利用科技的方法及想要运用的领域,询问了受访者“当前”和“未来”是否会考虑积极使用新科技。

关于“当前”的调查结果如下：6.9% 的受访者表示“非常有意愿使用”；34.9% 的受访者表示“有意愿使用”；39.5% 的受访者表示“不太有意愿使用”；13.8% 的受访者表示“肯定不会使用”；5% 的受访者表示“不确定”。

关于“未来”的调查结果：12.9% 的受访者表示“非常有意愿使用”；50.1% 的受访者表示“有意愿使用”；22.9% 的受访者表示“不太有意愿使用”；5.7% 的受访者表示“肯定不会使用”；8.4% 的受访者表示“不确定”。

就回答“非常有意愿使用”和“有意愿使用”的受访者在总人数中的占比来看，在关于“当前”的调查中为 41.8%，而在关于“未来”的调查中上升为 63%，可以预见，科技的利用将不断推进。

利用科技做什么？当被问及“今后重视新科技利用的目的是什么”（可多选）时，受访者的回答占比如下：

· 新产品、新服务的开发 47.8%
· 工作方式变革 43.4%
· 加强销售 / 营销力度 34.5%
· 削减成本 31.6%
· 新产品 / 服务的基础技术 30.2%
· 加强风险管理 30.2%
· 公司内部信息共享 26.7%
· 加快决策制定 21.4%
· 提高周边效率 18.6%
· 许可 / 专利等的外部提供 / 与外部的合作 16.5%
· 加强公司管理 16.2%

“今后重视新科技利用的目的是什么”的回答中位于榜首的是“新产品、新服务的开发”，正如我们所看到的那样，商务人士对 AI、自动驾驶和 IoT

充满期待，今后预计将会积极推进新科技与现有产品和服务相结合，从而开发新的产品和服务。

在这种情况下，仅靠单一的公司开发、利用科技是不够的，而是需要多家公司的相互协作。当受访者被问及“利用新技术时是否需要协作和顾问支援”时，回答“与其他行业企业之间协作”的人数占比最多，达到26.7%。

此外，“与集团内部企业之间合作”占比22.1%；“公司外部顾问等支援”占比22.1%；“与政府、自治区、学校等之间合作”占比17.1%；“与同行业其他公司之间合作”占比16.2%；“公司独自研究”占比10.5%。

科技期待指数排行榜　调查概要

名称：关于《驱动世界的技术》的意识调查

举办者：日经 BP 咨询公司、日经 BP 总研

期间：2018 年 6 月 18 日—2018 年 7 月 16 日

对象：日经 BP 公司的网络媒体用户（日经 Business Online、日经×TECH 等）

方法：通过日经 BP 咨询公司的网络调查系统 AIDA 回收答案

有效回答数：1006 份

对象数及选定：75 项技术。日经 BP 总研对日经 BP 出版的《黑科技：驱动世界的 100 项技术》一书中记载的 120 项技术进行精炼整合，从其中的 120 项技术中删除掉相似度高的技术，同时追加其他被认可的重要技术。

排名方法：受访者在 75 项技术中各选出 5 项在 2019 年至 2030 年“备受期待的技术”，按选票高低进行排名。

受访者所就职公司的规模

299 人以下	31.2%
300~999 人	15.1%
1000~9999 人	26.1%
10000 人以上	27.5%

受访者从事的行业

制造业	39.1%
物流、服务业	17.8%
信息、通信业	13.5%
建筑、土木工程	9.8%
医院、医疗机构	5.4%
政府、研究、教育机构	5.3%
金融业	5.2%
农、林、水产、矿业	0.4%
其他	3.6%

受访者从事的岗位

综合管理	15.1%
经营企划	9.9%
研究、开发	15.3%
设计、技术	12.8%
医学	4.8%
建筑、土木工程	3.3%
销售、营销	16.1%
行政、人事、会计	7.2%
其他	15.5%

第3章
生命科学领域的交叉科技

再生医疗

多种细胞技术转向临床阶段

大泷隆行 日经医疗

在本书第2章公布的“2030年科技期待指数排行榜”中，利用细胞技术对身体组织和（疾病、事故等所导致的）功能缺损进行生理性修复的“再生医疗”技术荣居榜首，并且在“综合管理/企划业务”、“研究/开发/设计/技术”、“行政/人事/会计/营销/市场”三组不同职业的受访者中均位居第一。可以说，不同职业的人们都对再生医疗技术满怀期待。

自京都大学山中伸弥教授的团队公布有关人类iPS细胞的研究以来，在这十多年的时间里，各种细胞技术从动物实验阶段上升到临床应用阶段，即将迎来开花结果的时代。接下来向大家介绍刚刚出现在国内市场上的再生医疗药品，以及已经通过了临床试验和动物试验，有望在五年内获得初期批准的技术，包括以iPS细胞为代表的医学技术。

· 自体培养细胞膜片

移植到受损部位，促进自我再生

关于细胞膜片技术，日本国内最先开发的是通过提取患者皮肤、软骨或骨骼肌的细胞，对其进行活化培养后产生自体培养细胞膜片，从而移植到受损部位，并促进自身组织的再生。

2007年，由Japan Tissue Engineering Co., Ltd（J-TEC）开发的自体培养表皮“JACE”是日本首次批准的再生医疗产品，以此为开端，2012年自体培养软骨“JACC”问世，2015年大型医疗器械公司Terumo开发了世界上首个用于治疗心力衰竭的再生医药产品——自体骨骼肌细胞膜片“Heart Sheet”，这些再生医疗产品都已获得了批准，进入了临床应用。

这其中，特别是使用“JACE”的疗法，现在已经成为治疗重度烧伤的主要选择之一。

“JACC”是从患者身上提取软骨细胞，在去端肽胶原蛋白凝胶中进行三维培养，然后移植到骨膜覆盖的软骨全层受损部位，对创伤性软骨缺损导致的膝关节软骨损伤的治疗起着巨大的作用。

“Heart Sheet”是“有条件、有时期限制的批准”制度实施后的第一个产品，该制度是日本厚生劳动省为推进再生医疗的实际应用而制定的早期批准制度。目前，以大阪大学医学院附属医院为据点，正在推进将该技术应用到严重心力衰竭、只能等待接受心脏移植的患者的治疗上。

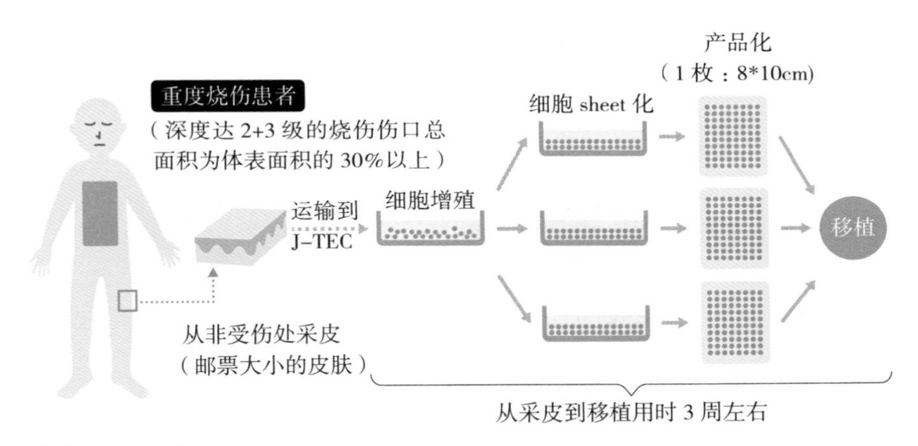

出处：日经医疗

图 3-1 自体培养表皮“JACE”的操作流程

· 功能性人造皮肤

应用于顽固性溃疡的愈合治疗

以生物可吸收材料如胶原蛋白和凝胶等作为“开发基础”，促进自身组织再生的再生医疗技术也已经进入实际运用阶段。

2018 年 4 月，“功能性人造皮肤”获得新型医疗器械类批准，其作用是吸附并持续释放（逐渐释放所含物质）促进皮肤再生的细胞生长因子。该项技术由关西医科大学整形外科学森本尚树副教授、京都大学名誉教授铃木茂彦率领的研究小组和内衣生产巨头 GUNZE 共同设计开发。

“功能性人造皮肤”是将从猪肌腱提取的去端肽胶原和从猪皮肤中提取的碱处理凝胶混合，搅拌后冷冻，使其干燥后形成海绵状物。使用时，与已经上市销售的 bFGF（碱性成纤维细胞生长因子）制剂（成纤维细胞喷雾剂）联合使用。

bFGF 静电性地被吸附在人造皮肤的凝胶上，然后活体内的酶不断分解体内的胶原蛋白和凝胶，进而 bFGF 得以释放，修复受损伤部位，也就是“消失的人造皮肤”。

对于由严重烧伤或糖尿病所导致的皮肤溃疡，这种治疗方法与传统的自体培养皮肤和细胞疗法相比，具有同等修复效果，并且物美价廉。关西医科大学附属医院于 2018 年 8 月开始使用，并预计从 2019 年 1 月开始进行全国销售。“一年内预计能够用于 40~50 个病例，我们将通过市场出售后的调查进一步验证其有效性和安全性”，森本尚树如是讲道。

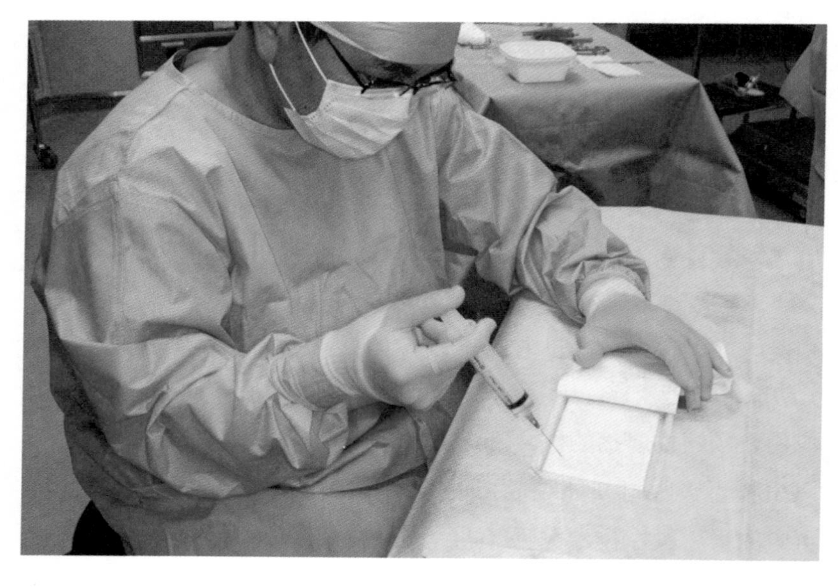

出处：关西医科大学整形外科学森本尚树副教授

图 3–2　功能性人造皮肤

· 神经再生诱导管

促进末梢神经再生

使用生物可吸收材料的再生医疗技术已成为神经领域不可或缺的一种技术。神经再生诱导管作为日本首个治疗用医疗设备，主要用于促进断裂、缺陷的末梢神经的再生，2013 年东洋纺取得该设备的制造和销售许可。其机制是将聚乙醇酸或骨胶原材质的软管插入并固定在末梢神经的缺陷部位，进而诱导从中枢再生、伸长的神经向末梢延长。

该技术不需要特殊的手术设备，在一般的医院就可以使用，因此大大减轻了患者的负担。相反，"自体游离神经移植"等传统神经重建疗法是需要提取患者自身健康部位的神经的。

神经再生诱导管使用起来非常方便，现已成为神经再生医疗领域的支柱之一，其在 2016 年 6 月获得美国食品药品监督管理局（FDA）的批准，据东洋纺称，截至 2018 年 3 月，日本国内使用病例约有 2000 例，预计到 2020 年，销售区域会扩展到美国以外的国家和地区。

· 用 iPS 细胞治疗帕金森病

世上首例临床试验已经开始

目前在日本国内，最引人瞩目的再生医疗技术当属诺贝尔生理学或医学奖获得者、京都大学山中伸弥教授发现的人类 iPS 细胞（人造多功能性干细胞）的应用。自山中伸弥教授 2007 年成功生成人类 iPS 细胞以来，时间已过去十余载，如今人们成功研发出了将从皮肤和血液中提取的 iPS 细胞分化成体内各种细胞的技术，iPS 细胞的研究和开发正在加速发展。

2014 年进行的世界首例年龄相关性黄斑变性患者的移植手术令人印象深刻，如今，使用他人的 iPS 细胞，对大脑和心脏等其他器官进行的临床研究也已经在进行。

2018 年 7 月末，京都大学医学部附属医院开始招募临床试验患者受试者，该实验利用从 iPS 细胞中提取的细胞治疗帕金森病，并已经获得国家（日本）批准，是世界上第一个使用 iPS 细胞治疗帕金森病的试验。

帕金森是一种神经系统疾病，中脑中存在一种能生成神经传导物质多巴胺的细胞，它与人类的运动功能相关，伴随着年龄的增长，该细胞不断损耗，从而导致帕金森病。

帕金森病最主要的病理是中脑黑质多巴胺能神经元的变性死亡，由此而引起纹状体 DA 含量显著减少从而致病，本次临床实验中所采用的治疗方法是将从他人 iPS 细胞中分化诱导的多巴胺神经前驱细胞用注射器从头骨上直径约 1.2 厘米的孔注射进去。

京都大学 iPS 细胞研究所的高桥淳教授等人先行进行了试验，使用人类 iPS 细胞衍生的多巴胺神经前驱细胞，按照几乎相同的手术流程对患有帕金森病的灵长类动物开展治疗。图像诊断和脑切片的组织学分析已经证实，其运动症状得到缓解，且移植的细胞在脑内成功生长并发挥着作用。

他们计划进行 7 例临床试验，主要是为了确认安全性。在未来的两年时间里，观察不良现象的发生率和程度，使用图像诊断设备确认脑内移植片有无扩张，并对运动机能进行评估。

·iPS 细胞心肌膜片

利用约 1 亿个细胞

2018 年 6 月，日本厚生劳动省再生医疗等评估委员会正式批准了一项使用大量 iPS 细胞（约 1 亿个细胞）的心肌膜片治疗严重心力衰竭的临床研究计划。

大阪大学心血管外科教授、日本再生医疗协会主席泽芳树主持这项研究。该研究计划使用来自健康志愿者而非患者的 iPS 细胞，将其做成直径几厘米、厚度约 0.1 毫米的薄片，在严重缺血性心肌病患者的心脏表面粘贴两张。

这一处理方法应用了东京女子医科大学冈野光夫等人研发的细胞膜片工程学技术，当前正在验证其安全性和治疗的可能性，以期将来有效恢复心脏功能。目标病例 3 例（18~79 岁），移植后观察一年。

目前，使用 iPS 细胞制作血小板、角膜和神经的临床研究和试验也即将开始。2018 年夏天，京都大学发表了一项临床研究计划，内容是将患者自身的 iPS 细胞做成血小板，用于再生障碍性贫血引发的血小板输血并发症的治疗。大阪大学眼科西田幸二教授称，大学内的审查委员会已经开始针对 iPS 细胞生成角膜细胞移植的临床研究计划进行审查。庆应义塾大学冈野荣之教授和他的研究小组正在准备将 iPS 细胞诱导的神经干细胞移植到脊髓损伤的患者体内。

· iPS 细胞库项目

存储广泛通用的细胞

利用 iPS 细胞实现再生医疗，需要解决的主要课题有不少。如从细胞制备到移植期间的巨大劳力和成本、使用他人细胞时的排斥反应、移植细胞的癌变可能等。

关于前者，京都大学从 2013 年开始推进“再生医疗用 iPS 细胞库项目”，将通用度高的健康人的 iPS 细胞预先制作好并储存起来。

与血型一样，细胞也有类型，称为人类白细胞抗原（HLA），如果与他人的细胞类型匹配的话，则不易发生排斥反应。HLA 的类型有数万种之多，这之中有人从父母那里继承了相同类型的 HLA（HLA 同源），就变成了类似 AA、BB、CC 的类型。例如，如果是具有 AA 的人，那么把该细胞移植到具有 AB 或 AC 的人体内的话，则可以将排斥反应最小化。例如，日本人中频繁出现的 HLA 类型，可以覆盖约 17% 的日本人。

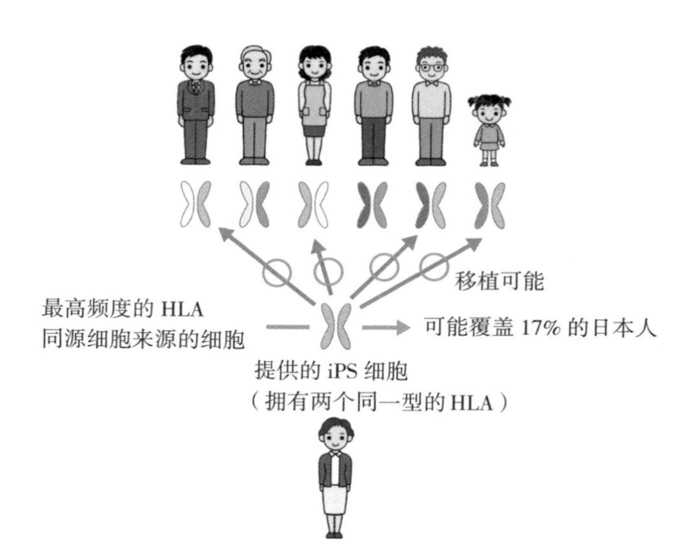

出处：日经医疗

图 3–3　用于再生医疗的 iPS 细胞库项目

因此，京都大学在日本红十字会、脐带血库等的协助下，向那些具有高度通用 HLA 同源的人提出协助请求，请他们作为捐献者捐献 iPS 细胞。这次对帕金森病和严重心力衰竭的临床试验和研究，利用的也是再生医疗用 iPS 细胞库的细胞。

另一方面，关于癌变的可能性，可以通过一些手段尽可能地将癌变风险降至最低，如在制备 iPS 细胞时，研究初期化因子（基因）的组合，或在诱导分化 iPS 细胞前，判定是否为具有分化抗性（无致瘤性）的细胞等。

· Muse 细胞

治疗脑梗死和急性心肌梗死

iPS 细胞和 ES 细胞（胚胎干细胞）以外的第三种多功能干细胞的再生医疗技术也已开始进入实际应用阶段。它是一种依靠独特干细胞的再生医疗技术，被称为 Muse 细胞（multilineage–differentiating stressenduring cell）。2018 年 9 月 3 日，三菱化学控股公司旗下的生命科学研究所宣布，他们将使用 Muse 细胞制剂对脑梗死患者进行探索性临床试验，该细胞制剂通过静脉给药促进梗死点的再生。

Muse 细胞由日本的东北大学医学研究科出泽真理教授等人于 2010 年发现，现已证实该细胞存在于包括骨髓和末梢血在内的所有器官的结缔组织中。当细胞遭到破坏时，它能够合成鞘氨醇 -1- 磷酸（S1P）的受体（S1PR-2），通过两者的相互作用游走到组织中的受损部位，并且具有自发分化的特性。

东北大学医院冨永悌二副院长和东北大学研究生学院神经外科先端治疗开发学领域的新妻邦泰教授等人，使用患有严重脑梗死的小白鼠和患有血栓性脑梗死的老鼠模型开展实验。实验证实，当将人类的 Muse 细胞静脉注射到老鼠体内时，它们游走到梗死部位后会分化成神经细胞，在脑内进行组合后发挥作用，并能够改善运动功能。据说实验前小白鼠因为身体麻痹的原因不能沿双杠爬行，但注射了 Muse 细胞的三个月后，变为可以顺利地爬行。

岐阜大学研究生院医学系研究科的特聘教授湊口信也等研究者，使用患有急性心肌梗死的兔子开展实验。实验证实，Muse 细胞会选择性地聚集到梗死部位，自发地分化成心肌和血管，成功缩小梗死面积并恢复心脏功能。目前，生命科学研究所在岐阜大学医学部附属医院等地正在进行探索性临床试验，通过向急性心肌梗死患者静脉内注射 Muse 细胞制剂，评估其安全性和有效性。

三菱化学的生命科学研究所木曾诚一所长就其特色进行了以下说明："使用静脉输液方式将用其他来源的细胞分离、培养后所产生的悬浊液注射进体内，能大大削减成本，因此具有广泛适应性，也无须引入基因和免疫抑制。迄今为止，作为制造源的间叶系统干细胞已经积累了大量的临床成果，因此，可以作为一种易于获得的、高度安全的再生医疗技术加以利用。"

· 用细胞创建立体结构

将细胞团刺入“剑山”并制造血管

再生医疗的最终目标是创造并移植器官。为了实现这一目标，需要用细胞创建立体结构的技术，然而，由于细胞是在不稳定的液体中培养的，想要创造立体结构并不容易。

为了创建三维立体结构，目前主流的研究方法是，以聚乳酸和胶原海绵等生物可吸收材料作为基础，然后将细胞和生长因子注入其中。但是，当生物可吸收材料嵌入人体内时，也会有不少风险，如引起过敏，或者活体中水解产物产生毒性等。

将细胞团刺入垂直状针形物体上并固定，然后等细胞团相互黏在一起，这种方法叫作“剑山方法”。这种新颖的方法是佐贺大学医学部的中山功一教授课题组开发的。

首先，为使细胞不黏附在培养皿上，在表面经过处理的培养皿中，培养目标细胞数天，待细胞凝结成团状物（spheroid），将其刺入形如剑山的垂直状针形物体上，形成所需形状。“剑山”面积一平方厘米，长宽各26根针，共排列有676根针，针的直径约为100微米。细胞刺入并固定两三天后，相邻的细胞团会黏在一起，这时拔掉针后就能得到所需的三维物。

将该方法应用到人体时的首选是透析等治疗中使用的人造血管。通过纵向排列软管并进行培养，软管就可以沿长轴方向延伸。

但是，想要实现此目标，需要首先解决成本问题，为此，中山功一课题组到目前为止已尝试了数个技术解决方案。首先，为了解决将细胞团刺入垂直针中耗时过长问题，中山教授创立了一家名为Cyfuse的公司，开发能够自动模制三维物体的“Bio 3D Printer”，它可以在几小时内模制出血管用软管等简单的形状。

其次，需要解决从何处获取自身细胞的问题。最初的做法是，从构成血管的细胞中获取细胞团，制成细胞软管。但是，后经证实发现，即使在仅由皮肤的纤维牙细胞制成的细胞制人造血管中，移植后将该构造作为平台，也能够聚集来自周围器官组织的血管细胞，从而替代原来获取细胞的方式。由于皮肤的纤维牙细胞相对容易获取，因此在收集细胞时可以减轻患者的负担。

再次，需要解决三维物体成型后所需培养时间过长的问题。再生医疗的成本高低很大程度上取决于培养细胞所需时间的长短。中山教授开发了一种方法，即用力量训练的要领从外部给予细胞软管机械刺激，对软管进行培养，以提高获得强度的速度。

通过一系列的技术创新，现在从患者自身提取的细胞经过 1~2 个月的培养，会成长为能够承受数倍血压压力的细胞制人造血管，并且已成功地将长度为 5cm、内径为 5mm（来自人的细胞）的细胞制人造血管移植到了小型猪的身上。中山教授希望，“早的话在 2018 年，或者 2019 年开始临床研究”。

合成生物学

制造生物，理解机制

桥本宗明 日经生物科技

2000年左右，一种新的学科领域开始确立，即通过“制造显示”将那些仅仅依靠观察难以解释的、复杂的生命机制明确化，该学科确立后呈现急速发展态势。“syntheticbiology”是其学术领域的名称，被翻译为“合成生物学”,目前相关的研究正在积极展开。下面介绍一些专业时事通信和《日经生物科技》推出的这一领域的独特研究。

虽然“合成生物学”还没有明确的定义，但可以说它是一门通过设计和合成生物学的组织、装置和系统，并对它们进行分析，进而解释生命机制的学科。说到“合成生物”，可能听起来像是一种对造物主缺乏敬畏的行为，但其实是一门非常认真严肃的学科领域。关于它的研究结果，我们经常看到一些令人不安的评论，如可能被用于生物恐怖主义及设计婴儿等，但如何利用该研究成果和技术是使用方面的问题，并不代表研究和技术本身是错误的。

· Minimal Cell

分裂、增殖的人工生命体

提到合成生物学的著名研究成果，加利福尼亚州圣地亚哥的 Synthetic Genomics 公司的创始人——维特（Craig Venter）及其率领的研究小组于2010年5月在《科学》杂志上登载的报道，可算其一。化学合成长度约为1000个碱基的DNA片段，将它们在酵母中连接起来，最后设置为与具有180万个碱基对的基因组微生物——Mycopllasma mycoides 的基因组相同的序列。当移植到另一种微生物体内时，DNA开始工作，制造本应由

Mycopllasma mycoides 制造的蛋白质，并已证实细胞能够分裂和移植。可以说这是世界上第一个人工创造的生命体。

此外，该研究小组利用这一研究成果，对具有维持生命所必需的最小基因的人工生命体进行了研究。在重复设计、合成和验证基因组的过程中，发现由 53 万个碱基对和 4,773 个基因组成的基因组人工细胞比自然界中存在的任何微生物的基因组都小，并已确认它能增殖和分裂，研究小组于 2016 年 3 月公布了这一发现。

仅具有维持生命所需的最小基因的细胞被称为“Minimal Cell”，其可以解释生命可持续性的机制，并且作为最无浪费的生命体，预期可用作有效利用细胞进行药物、化妆品、香料、燃料等有用物质生产时的平台。

在这种“尝试制造生命结构”的研究方法出现之前，许多生命科学的进步是通过观察生物并理解其机制而实现的。

在澳大利亚修道院做修道士的生物学家格雷戈尔·约翰·孟德尔（Gregor Johann Mendel）从 19 世纪后半期开始观察多代豌豆，从而发现了其性状遗传的规律，并通过实验证实后宣布了孟德尔定律。1953 年，剑桥大学的詹姆斯·沃森（James Dewey Watson）和弗朗西斯·克里克（Francis Harry Compton Crick）发现 DNA 的双螺旋结构时，其中成为决定性因素的事件是通过 X 射线拍摄获得的 DNA 图像。东京工业大学的大隅良典教授通过在显微镜下观察饥饿状态的酵母，发现了“自噬”这一机制，其能够分解细胞内的成分。凭借这一发现，大隅良典教授被授予 2016 年的诺贝尔生理学或医学奖。

生命科学通过观察生物而获得了极大的发展，但由于生命结构过于复杂，到目前为止，能够阐明的，只是极少的一部分。2000 年，美国总统比尔·克林顿宣布称，“国际人类基因组工程耗时十年，耗资 30 亿美元，已基本完成破译人类基因的计划”。作为构成人体蛋白质的设计图——DNA 的信息，因为已被人类全部获取，所以这一工程宣布完成之后，人们曾期待能够更快地探明生命的奥秘，但是，随后的事实并没有这么简单地发展。

之后，研究发现，在基因组中除基因以外的“Junk DNA”部分在生命体征里起着重要作用，并且这些部分的作用正在逐渐地清晰化。蛋白质的设计图即基因的序列在基因组中的占比不足 2%，在人类约 2 万个基因中还有很多未解之谜。

· GP-Write

基因组合成的国际项目取得进展

2016 年 6 月 2 日，《科学》杂志网络版上提出了一个题为“The Human Genome Project-Write（人类基因组合成计划）”的研究项目。内容是利用基因组的设计技术、合成技术和模型细胞株的评价技术，从最开始构建包括人类细胞在内的各种生物细胞，调查基因的差异是如何体现在实际的生物体上的，旨在加深对生物体的理解。

如“write”所示，他们将重点放在“编写（合成）”基因组上，另一方面，于 2004 年结束的“The Human Genome Project（人类基因组计划）”国际项目将重点放在了“读”基因组上面，提高了下一代测序仪（NGS）的代表技术——序列技术的质量，并实现了削减成本的目标。

The Human Genome Project-Write 发表之初，有很多批评的声音，例如这个名字会让人联想到改变人类的基因，所以研究者们将名字更改为“The Genome Project-Write（GP-Write）”。来自全球 15 个国家和地区，包括企业在内的 100 多个组织，约 200 名科学家参与到 GP-Write 项目中，最终目标是合成由 30 亿个碱基对组成的所有人类基因组。

2018 年 5 月，在美国马萨诸塞州的波士顿召开的会议上，确定了具体的目标，即通过重写部分人类基因组，来开发不会感染病毒的、由人衍生的培养细胞。若使用不会被病毒感染的培养细胞，则可以避免病毒感染风险的同时，制备抗体药物、蛋白质药物以及疫苗等，将其应用于再生医疗。目前是以高成本来验证无病毒感染的风险，但今后将无须此验证。

· 长 DNA 的合成

在枯草芽孢杆菌中连接 DNA 片段

来自日本的十多名研究人员也参与了 GP-Write 项目，神户大学研究生院科学技术创新研究科的拓植谦尔副教授就是成员之一。

拓植谦尔等人于 2015 年开发了一种集成基因的方法，即通过在枯草芽孢杆菌中将 DNA 片段连接起来，便可正确地获取长链基因。将所需的长链 DNA 序列分成几个 DNA 片段准备，然后将它们化学合成，最后将这些 DNA 片段在枯草芽孢杆菌中连接。这个方法是利用了枯草芽孢杆菌的特性，积极地将细胞外的 DNA 导入细胞内，然后将其整合到自己的基因组中。

分割 DNA 片段的场所等使用模拟软件进行设计，这样就可以连接多达约 50 个 DNA 片段，然后在枯草芽孢杆菌基因组中构建约 10 万个碱基长度的 DNA。拓植谦尔副教授希望通过参与 GP-Write 项目来推广这项技术。

基因组是由 DNA 组成的长链，想要精确有效地化学合成超过一定长度的 DNA 并没有那么简单。相对较低的成本可以合成 200~300 个碱基左右，如果超过此长度的话，就需要花费更长的时间和巨大的成本。

因此，为了获取长链 DNA，人们一般使用基因集成法，即将化学合成的 DNA 片段放在酵母和大肠杆菌等微生物中，把它们连接起来后将其取出利用。

庆应义塾大学先端生命科学研究所的板谷光泰教授也是参与 GP-Write 项目的日方研究员。板谷光泰教授是“使用枯草芽孢杆菌创建大型基因组”的先驱人物，神户大学的拓植谦尔副教授长期与板谷光泰教授一起从事研究。板谷教授将关注点放在能够破译整个基因组的“Synechocystis”蓝细菌上，他将具有 350 万个碱基对基因组的蓝细菌基因组短化为每个约有 5 万个碱基的 DNA 片段，并置于枯草芽孢杆菌中，连接成枯草芽孢杆菌基因组。这项研究持续了七年后，在 2005 年，板谷教授成功地在枯草芽孢杆菌基因组的三个位置上放置了由 3200 个基因和 350 万个碱基对组成的巨大蓝细菌基因组。

枯草芽孢杆菌（Bacillus Subtilis）和蓝细菌基因组的合体产生了“氰基芽孢杆菌”。

不过，氰基芽孢杆菌虽然有枯草芽孢杆菌和蓝细菌两者的基因组，但它只能在枯草芽孢杆菌的培养基中生长，在蓝细菌用的人工合成培养基中不生长。目前板谷教授正在继续进行研究，在枯草芽孢杆菌的基因组中导入不同生物的基因组，试图实现具有两种性质的有机体。

如果有机体能够具有两种属性，则既可以把它作为枯草芽孢杆菌来培养，又可以在导入基因生物适应的生长环境中培养。板谷教授认为，这项研究可以应用于高效生产有用物质的微生物等的开发。

· 缩小基因组大小

去除生存不必要的序列

东京工业大学生命理工学院的相泽康则副教授也参加了 GP-Write 项目。相泽副教授提议的课题被认定为 GP-Write 的试点项目之一，同时被任命为该项目的负责人。项目的内容是确定基因组中维持生存所必需的序列。

以人为例，在 30 亿个碱基对基因组中，作为蛋白质的设计图被利用的部分不到 2%，该序列被称为“外显子”，它点缀分布在基因的区域。外显子与外显子之间的序列被称为“内含子”。

此外，基因与基因之间也有其意义尚未被理解的序列，其中在基因组中移动的序列被称为“转位子”。相泽副教授的工作是设计、合成已去除内含子和转位子的长链 DNA，然后将其引入细胞，确认蛋白质能否形成。如果去除的这两个序列对蛋白质的形成没有影响，则说明内含子和转位子并不是维持生命所必需的序列。像这样明确内含子和转位子并不是所必需的序列后，在未来设计、合成人类基因组时，就可除去这些不需要的序列，从而缩小基因组尺寸，方便操作。

· Crispr/Cas9

促进生物体的合成研究

合成生物学的研究近年来得以迅速发展的背景之一，就是因为我们能够自由编辑基因组，即基因组编辑技术得到了极大的发展。特别是随着第三代基因组编辑技术 Crispr/Cas9 的出现，以前只能由研究人员通过技术来编辑的基因，现在变得非专业人士也可以进行了。

Crispr/Cas9 使用一种名为“指引 RNA”的试剂（该试剂结合了大约 20 个碱基核酸和 Cas9 酶），从基因组中找出靶序列后，Cas9 会切割 DNA。被切割的序列会立即被修复，但修复发生错误，出现碱基插入或缺失时，就不会按照设计图所示的那样合成蛋白质。这时，如果放入另一个基因序列，在修复时它就能吸收其基因，实现基因组对换。

2012 年 8 月首次将 Crispr/Cas9 发表在《科学》杂志上的瑞典于默奥大学的 Emmanuelle Charpentier 教授和加利福尼亚大学伯克利分校的 Jennifer Daudna 教授，以及首次在真核生物中实现 Crispr/Cas9 实验、来自麻省理工学院和哈佛大学成立的 Broad 研究所的张峰博士曾被视为 2018 年诺贝尔化学奖的热门人选。

Crispr/Cas9 是细菌免疫机制的应用。在许多细菌基因组中含有重复的、有规律性的 Crispr 序列。当细菌被病毒等感染时，其基因组的片段会被整合到 Crispr 序列中，当再次被相同的病毒感染时，Crispr 机制启动，可以彻底切断受病毒感染的基因组。关于细菌具有独特 Crispr 序列的报告最初是由大阪大学的石野良纯（现九州大学农学研究院教授）等研究人员于 1987 年提出的。

· Target-AID

无须切断便可编辑 DNA

还有一些日本研究人员正在进行新基因组编辑工具的研究工作。神户大学研究生院科学技术创新研究科的西田敬二教授等人开发了一种新的基因组编辑技术，可以在不切断 DNA 的情况下编辑 DNA，西田敬二教授于

2016年8月在《科学》杂志上以“Target-AID”为名发表了该技术，获得了极大的关注。

西田敬二教授等人开发的Target-AID是以基因组靶位点双螺旋展开成单链，用胞嘧啶（C）靶核酸在约定点处替换胸腺嘧啶（T）靶核酸。Crispr/Cas9在基因修复时可能会产生无目的的序列，但Target-AID作为一不同的基因组编辑技术，有望应用于药物生产和基因组编辑治疗等方面。

· PPR

日本的泛用基因组编辑技术

九州大学农学研究院生命机能科学部门的中村崇裕副教授也开发了一种独特的新基因组编辑工具。在由中村副教授开发的“PPR”技术中，他使用由35个氨基酸组成的10个至20个单位（PPR基序）结构的蛋白质，识别基因组中的靶位点。

由于它不仅能识别DNA，还能识别RNA的碱基序列，因此预计能够作为更具通用性的技术而被广为利用。Crispr/Cas9识别靶序列的工具，是由核酸构成的。

Crispr/Cas9在产业上的利用，预计需要花费高额的专利费用，由此也可以看出，产业界对于PPR这一日本国产的基因组编辑技术是充满期待的。

· 代谢途径设计

在试管内再现体内的化学反应

纵观今天的基因技术，一方面，基因组编辑技术已经能够自由地剪切和粘贴基因组，另一方面，利用长链DNA合成技术能够将几个基因连接到微生物等的基因组中。这些研究的延伸，就是通过微生物和细胞培养，开始生产物质了。

大阪大学研究生院工学研究科的本田孝佑副教授设计了一种无浪费的代谢途径，其研究方法是，仅使用代谢反应所必需的酶在试管中生产有用物质。代谢是指酶等在体内引起的化学反应。

2012 年 9 月，本田副教授的研究团队在试管中成功地将葡萄糖通过丙酮酸转为乳酸，并在 *Microbial Cell Factories* 杂志上宣布了其研究成果。这一研究是基于嗜热细菌的细菌代谢机制，通过结合不同微生物一部分的代谢机构，设计出了新的代谢途径。

为了推进该代谢，首先通过结合两种微生物的九种酶和酶乳酸脱氢酶，成功地在试管中将葡萄糖转化为乳酸，之后，本田副教授改良了代谢途径，并成功地从葡萄糖中生产出了苹果酸和花旗苷。

到目前为止，已经对利用微生物生产医药品的原料、化学产品、香料、维生素及生物燃料等进行了讨论，甚至食品和医药品原料、功能性脂质花生四烯酸、通用化学丙烯酰胺等数种产品也已投入实际应用。但目前的情况是，通过微生物成功生产有用物质的实例并没有最初预期的那么多。

其中的一个原因是，我们无法有效地控制为生产有用物质而进行的代谢反应。使用活微生物生产有用物质，是试图通过控制代谢反应，来增加目标有用物质产量，其中有通过使用基因重组技术，来增强与代谢有关的酶等。

但是，当在生产有用物质的代谢反应中产生有毒物质时，微生物便会停止生产，或者当有用物质的数量增加时，微生物就会产生反馈效应，导致生产效率下降。

· 用脂质双重膜构成的人工细胞

以乳酸为原料生产乙醇

另一方面，对于在试管内进行化学反应的方法问题也有一些指责的声音。由于试管内部空间比细胞内部空间大，导致原料和酶不能很好地结合在一起，虽然增加酶的量可以提高反应效率，但相应地成本也会增加。

因此，庆应义塾大学理工部的藤原庆讲师进行了专门的研究，他研制了一款人工细胞，其表膜与细胞膜相同，名为脂质双层膜，将原料和酶放入其中以产生物质。藤原庆讲师在由脂质双层膜构成的人工细胞中，利用酶再现了由乳酸生成乙醇的发酵反应。2017 年 12 月在 *ACS Synthetic Biology* 杂志网络版上发表了该研究成果。

藤原讲师在人工细胞中进行了三个代谢反应：首先，利用乳酸脱氢酶（LDH）作为催化剂，由 NAD+（乳酸和电子介体）合成丙酮酸和 NADH；随后，丙酮酸与癸二酸脱羧酶（PDC）反应生成乙醛；最后，乙醛与醇脱氢酶（ADH）反应。藤原讲师在人工细胞内仅通过这三个化学反应，便成功地以乳酸为原料产出了乙醇。

· 微生物设计平台

美国积极推进其产业化

在日本，虽然合成生物学的基础研究也在积极推进，但在技术领先的美国，试图利用微生物创造新物质的风险投资企业已不断增加，这些企业募集的资金也是规模庞大。据美国合成生物学的企业家和投资者等创办的社团——synbiobeta 发言称，2016 年在合成生物学领域，33 家企业共筹集了 9 亿美元的资金。

新兴企业的目标是利用已发展的合成生物学，用比以往更短的时间，设计微生物，并生产新物质。微生物通常是单细胞，易于修改基因。这些企业试图设计微生物的代谢途径，合成以此为基础的基因序列，并将其导入仅具有用于物质生产的最小基因组的微生物中，通过微生物的代谢途径生成各种化合物。

之所以有大规模的风险投资企业的设立，其背景之一是在美国和欧洲等国家，有许多关于合成生物学领域的大规模的国家研发项目。美国在 2012 年由美国国防部高级研究计划局牵头（DARPA），启动了“Living Foundries Program”项目，试图开发基础技术，有效地制造能够进行物质生产的微生物，在 2013 年，又启动了“1000 Molecules”项目，旨在利用微生物生产 1000 种化合物。DARPA 积极地支持研究开发，在五年内共向研究机构提供了 3200 万美元的科研资金。

英国政府向多个从事合成生物学的研究中心共提供了约 7000 万欧

元的资金支持，同时为促进合成生物学的产业利用，设置了研究中心 SynbiCITE，加强了实现实际应用的努力。

美国的合成生物学相关企业大致分为三种。第一种是提供化学产品、燃料，以及工业产品原料的企业，他们致力于在本公司内利用微生物生产目标物质的研究开发。

第二种是与提供工业产品原料的公司签订合同的企业，他们利用本公司的微生物设计平台生产微生物株，并提供给客户。其中，研究基地位于波士顿的美国 Ginkgo Bioworks 公司筹集了大量的资金，与客户签订合同，设计、构建能够产生食品、调味料和香水原料化合物的微生物。该公司在过去两年成功筹集了 1.54 亿美元的资金。

以发酵技术闻名的日本大型食品制造商——味之素于 2015 年 8 月与 Ginkgo Bioworks 公司签订合同，进行发酵产菌的开发。味之素的发言人解释称："Ginkgo Bioworks 公司的实验生产量及解析能力、代谢设计能力等技术能力都很优秀，成本竞争力强，研究人员的素质也非常高。"

此外，2017 年 9 月，Ginkgo 公司与拜耳公司合资成立了一家企业，开发能够高效率生产农业用氮肥的微生物。该合资企业在 A 轮融资中共筹集了约 1 亿美元的资金，备受瞩目。

· 硅板上的 DNA 合成

可以长时间保存的存储介质

利用合成生物学的第三种企业是通过设计微生物掌握所需的独特技术，或销售产品，或提供委托研发的服务。这些企业向在本公司设计微生物的公司及 Ginkgo 等公司提供技术服务。

在设计和构建微生物时，不可或缺的是 DNA 合成技术。总部设在旧金山的美国 Twist Bioscience 公司应客户委托，制造、提供客户所需的 DNA 序列。

不同于传统的塑料板，Twist Bioscience 公司开发了一种在专属硅板上合成 DNA 的技术，较以往能够以更快的速度和更高的质量合成 DNA。该公司的首席执行官（CEO）Emily M.Leproust 博士是 DNA 合成和分析方面的专家，之前曾在美国安捷伦科技公司从事研究开发工作。研发这一技术的出发点是，如果能够廉价且准确地合成由四种碱组成的 DNA，则有望将其作为长期保存信息的存储介质。

· 由微生物生产物质

日本希望通过 AI 挽回局面

针对美国的发展，日本也以大学和国家研究机构为中心，展开了应对。神户大学获文部科学省批准，在 2008 年到 2018 年的十年间，被指定为“生物生产下一代农工合作基地”，并且在 2012 年，为参加经济产业省的项目“实现创新型生物材料的高性能基因组设计技术开发”，与多家企业成立了“高性能基因设计技术研究协会（TRAHED）”。

此外，在 2016 年 7 月开始的使用新能源/产业技术综合开发组织（NEDO）的植物等生物的高性能产品生产技术开发项目（智能电池工业项目）中，神户大学科学技术创新研究科的莲沼诚久教授负责微生物物质生产研究课题的研发工作，神户大学等研究团队将构建的微生物设计平台应用到包括实验株和企业产业株的微生物上，希望在新物质的生产方面实现新的突破。

微生物的设计平台是指利用以合成生物学为基础的方法，“Design（设计）”、“build（合成）”基因组等，然后进行“Test（评价）”，之后再连接下一个 Design。它包括分析和设计代谢途径的软件、基因组编辑技术、将长链 DNA 导入微生物体内的技术，以及可以用于评估微生物的高通量实验的自动化设备。

基础技术都齐备的前提下，在 NEDO 的同一个项目中，添加了微生物设计平台“Learn（学习）”，用于推进技术开发。在引入合成生物学之前，在设计微生物时，参考的是设计者的经验、知识和人工收集的文献等信息。追加了模拟等信息技术——“Learn（学习）”后，有望可以缩短设计微生物的时间，并设计能够产生新物质的代谢途径。莲沼教授对未来还是充满信心的，“迄今为止，微生物株的生产周期是十年，我们的目标是将周期缩短到十分之一”。

2017 年 8 月，日立制作所初次参与到这一项目中，与京都大学合作，提出了一个计划，内容是发挥 DBTL 循环功能，全面分析过去获得的实验数据，从中学习，然后构建能够设计（预测）代谢途径的 AI。他们期待能够提出让人意想不到的代谢途径。迄今为止，虽然通过 Test 可以获得大量的实验数据，但由于数据过于庞大，人们反而无法完全分析。“使用 AI 设计微生物”这样一个学习系统，在世界范围内仍属于开发阶段，或许在这里，日本拥有可以领先的机会。

第 4 章
AI 和 IoT 带来的技术变革

住宅

提供安全、安心、舒适的服务

安井功 日经×TECH、日经 Home Bailder
川又英纪 日经×TECH

近些年来，房地产行业、IT 行业、电机行业等都开始对“IoT 住宅”投入大量精力。所谓的“IoT 住宅”就是将各种物品与网络相连接，即所谓的（Internet of Things IoT），继而应用于住宅。例如，可以通过 AI（人工智能）声控家电和住宅设施，也可以利用传感器确认居民的安全或者是灾后住宅的安全。

实现家电和住宅设施的自动控制，从而使生活变得更为便利，这样的设想和举措在过去也曾出现过，但是并没有得到普及。那么，如今围绕 IoT 住宅展开的行动，是否有可能大幅改变今后的生活和住宅呢？首先，我们需要来看一下其代表性的举措。

· 确认木造住宅安全性的服务

通过互联网掌握地震、水灾的受灾情况

住友林业公司正在致力于开发一项服务，该服务通过将传感器安装在木造住宅的主体部位，进行数据的收集、分析，从而确认住宅的安全性，并将情报提供给客户及地方相关团体。这项开发自 2018 年 4 月开始进入实证实验第二阶段，预计自 2019 年 10 月开始面向大众提供服务。

在实证实验中，使用加速度传感器和水浸传感器，这两种传感器由冲电气集团[①] 根据住友林业规定的规格定制生产。在一楼天花板附近的围梁

① 冲电气工业株式会社（Oki Electric Industry）通常被称为冲电气或冲电气集团，它是日本一家制造和销售电信和打印机产品的公司。（译者注）

和二楼天花板附近的房顶骨架部，各安装一个配有加速度传感器的终端，在地板下方的地基部，安装一个配有加速度传感器和水浸传感器的终端。加速度传感器用于测量地震时产生的房体晃动状况，而水浸传感器可以检测洪水发生时屋内是否进水。

每个传感器都会通过 920 MHz 频段的无线电通信将数据发送到 IoT 网关。由于这款传感器安装了冲电气集团的无线通信技术——“Smart Hop”，从而提高了数据传输路径的自由度。即便传感器和 IoT 网关陷入无法直接通信的状态，也可以通过其他传感器将数据传输到 IoT 网关。

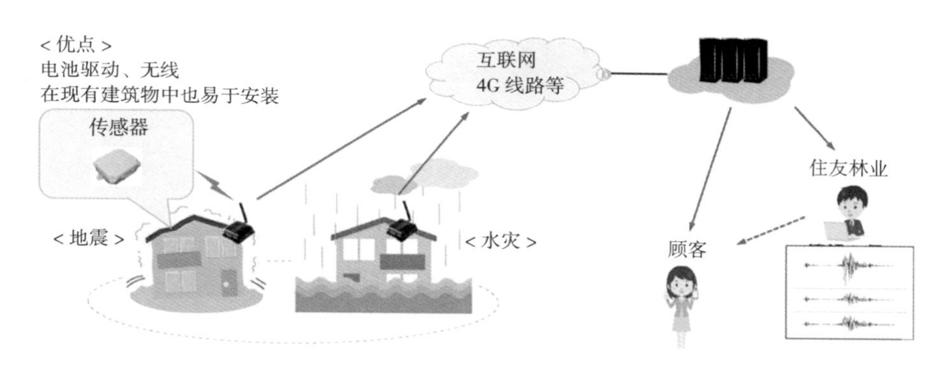

出处：住友林业

图 4–1 实证实验中的系统构成

IoT 网关中的数据通过互联网发送到住友林业的云服务器，而一系列的系统的构建工作也由冲电气集团负责完成。

住友林业分析传送过来的数据，并应用于灾害对策的早期制定上。例如，当加速度传感器检测到相当于五级地震以上的加速度时，它就会对数据进行记录，并将其发送到云服务器。由于传感器是靠电池驱动的，所以即便停电也能够继续运行，并且还可以存储一周左右的数据。

住友林业通过分析发送过来的数据，综合表示主体晃动方式固有周期，以及表示倾斜角度的层间变形角，判定建筑物的受损程度然后从房屋受损较为严重的顾客开始，依次取得联系。此外，受灾情况的汇总数据也会提供给地方政府和团体。如果再配合住友林业所持有的顾客管理系统，那么受灾情况就有可能视觉化。

第一阶段的实验，主要是确认传感器的通信情况，例如当传感器进行无线通信时是否会发生无线电干扰，因为在城市里，测量功率的智能仪表等各种设备都是无线通信。

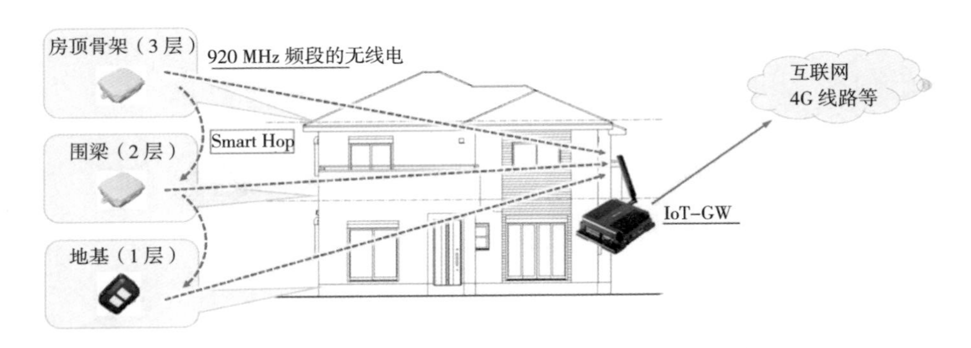

出处：住友林业

图 4–2 实证实验中感知器的安装位置

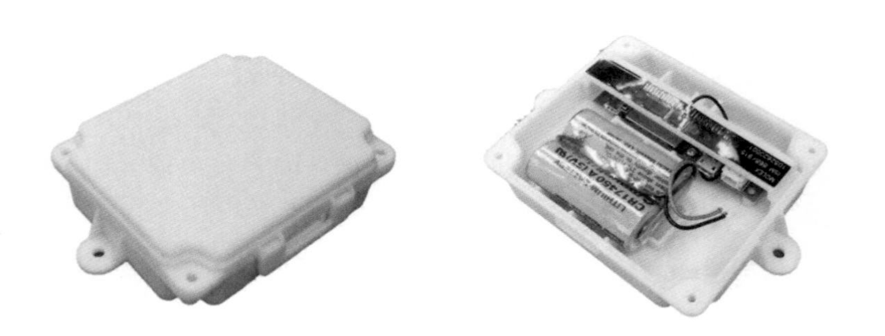

出处：住友林业

图 4–3 加速度传感器的外观和内部构造

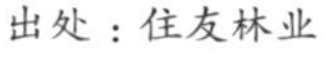

出处：住友林业

图 4–4　安装在地基部的水浸传感器

出处：住友林业

图 4–5　对主体的晃动和倾斜进行检测的加速度传感器

住友林业在关东圈内有五个实验基地，并且每一个都临近气象厅的地震观测点，这样就可以将传感器记录的晃动数据与气象厅记录的数据进行比较，从而进行数据统和。

第二阶段的实验扩展到关东圈以外，包括查验水浸传感器，在智能手机上即可查看收集到的数据。此外，住友林业还在探讨在其他公司建造的建筑物上使用传感器，来验证在现有住宅上的检测是否有效。2019 年正式开始这项服务时，现有的普通住宅预计也会列为服务对象。

从 2018 年 10 月开始，实验进入第三阶段，并在全国开展，传感器开始进行批量生产。由三个传感器和一个 IoT 网关组成的套组，预计以低于 10 万日元的价格提供给消费者。

· IoT 家庭网关

延长住宅的使用寿命

关于 IoT 住宅，日本的 MISAWA HOMES① 也研发了一个系统，该系统包括安装在室内的通用机器、传感器、家庭网关和云服务器，该系统称为 "Link Gates Platform"。

其核心设备是家庭网关，它收集传感器信息并与云服务器进行交换。该设备由 MISAWA HOMES 独立开发，并采用 OSGi（open service gateway initiative）作为基于 Linux 操作系统的 OS（基本软件）。

家庭网关可以与智能配电箱、电子锁、燃料电池、太阳能电池板等设备一起使用，并采用了 ECHONET Lite② 等作为通信协议，该通信协议是用于连接传感器、家用电器、住宅设备等的通信规范。

连接到家庭网关的设备，其数据会被发送到云服务器进行分析。分析结果将会反馈到家庭网关，并应用于设备的自动控制。除此之外，还能够获得电、燃气、自来水等能源的使用信息。

温度与湿度的测量、门窗等的开闭检测，都由长 80 毫米，宽 24 毫米，高 12 毫米的小型传感器来完成。该传感器采用了无线通信技术——EnOcean，因此，即便只有少量光线也可自行发电运行。

住户可以从云服务器上下载必要的 APP。在家庭网关的开发过程中十分重视其扩展性，所以提前预留出了 API（Application Program Interface），以应对设备、传感器等增加的情况。

---

① MISAWA HOMES 株式会社（MISAWA HOMES CO., LTD.）是日本一家集住宅设计、制造和施工于一体的住宅制造、开发公司。（译者注）

② ECHONET 是日本的 Energy Conservation and Homecare Network 的缩写。该组织的宗旨是通过开发 ECHONET 系统，达到节约家庭中的能源和照料家庭的功能。主要目标是开发标准化的家庭网络标准规格，并应用至家庭能源管理、居家医疗保健等服务上。（译者注）

摄影：安井功

图 4-6　安装在样板房中的家庭网关终端设备（黑色的终端设备）

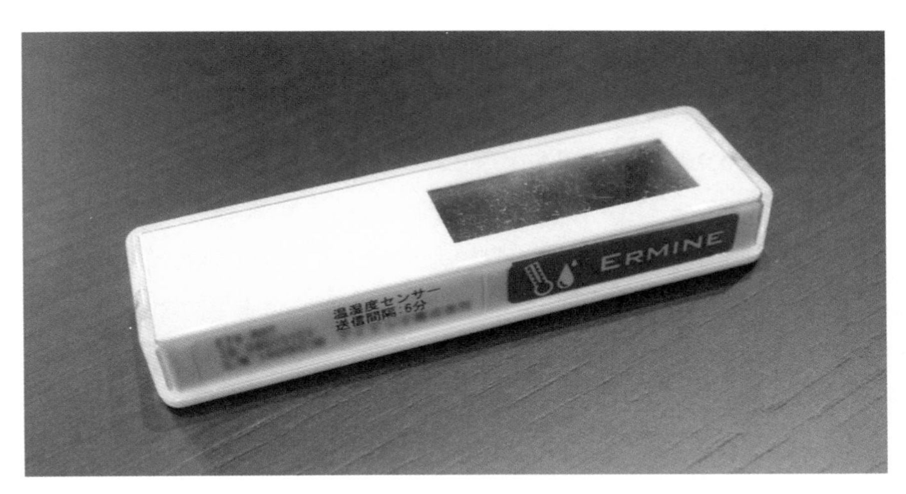

摄影：安井功

图 4-7　小型温度、湿度传感器

摄影：安井功

图 4-8　门窗上方安装了小型开闭传感器

· 木造住宅专用地震仪

判定受灾程度，预测坍塌可能性

与 MISAWA HOMES 研发的 Link Gates Platform 一样，始于 2015 年 4 月，由 MISAWA HOMES、MISAWA HOMES 综合研究所以及 KDDI[①] 共同研发的受灾程度判定仪——GAINET 也是 IoT 的一个具体案例。

安装在地基上的测量器能够测量地震波，再结合建筑物结构的相关数据，就可以对震级和建筑物的受灾情况进行判断，并告知居民坍塌发生的可能性。测量的数据将通过 KDDI 的高速数据通信服务网络（LTE）实时传送到云服务器。

---

① KDDI（KDDI CORPORATION）是一家日本大型电信公司。（译者注）

以 Link Gates Platform 为开端，在 IoT 住宅领域，MISAWA HOMES 正在思考一种有助于延长房屋使用寿命的机制。第一步，就是在房屋的各个部分安装传感器进行监控，以确保能够及时进行维护。

如果墙内的湿度升高，会发出“漏雨可能性”的预警，而通过监控通风口等部位的过滤器，又可以对堵塞的发生进行预警。利用传感器测量的信息，建立房屋的预警机制是可行的。

与此同时，这个机制还有助于预防犯罪和各种灾害。通过安装在窗户上的传感器和摄像头，可以对窗户的开闭情况等进行监控。

目前，MISAWA HOMES 将 Link Gates 作为附加价值提供给新建住宅的顾客，它可以对室内的传感器等设备上的信息进行收集、分析和应用，与此同时，还可以操控与它相连接的设备。住户在手机上可以阅读相关数据，也可以控制相关设备。

例如，对室内的温度和湿度进行测量时，如果发现有中暑的危险，智能手机就会显示“中暑预警”，住户看到了手机上的预警就可以通过远程操控打开空调。

“关怀预警”是用于照看老年人的一项服务，该项服务通过检测自来水的使用情况来实现，如果在较长时间都没有发现水的使用，它就会进行预警。与此相反，如果水的使用量明显增加，那么就会判断为有漏水的风险，它就会直接将“使用异常预警”发送给住户。除此之外，MISAWA HOMES 还在积极探讨是否可以提供其他各种各样的服务。

该公司针对楼房的安全服务获得了较好的反响，但是“是否可以对独栋住房提供有偿服务，目前还有待商榷”。由于 IoT 的出现，住宅维护的效率得到了提高，但是如果将其作为一项服务提供给消费者的话，该如何向消费者说明房屋的状态仍是需要探讨的课题。

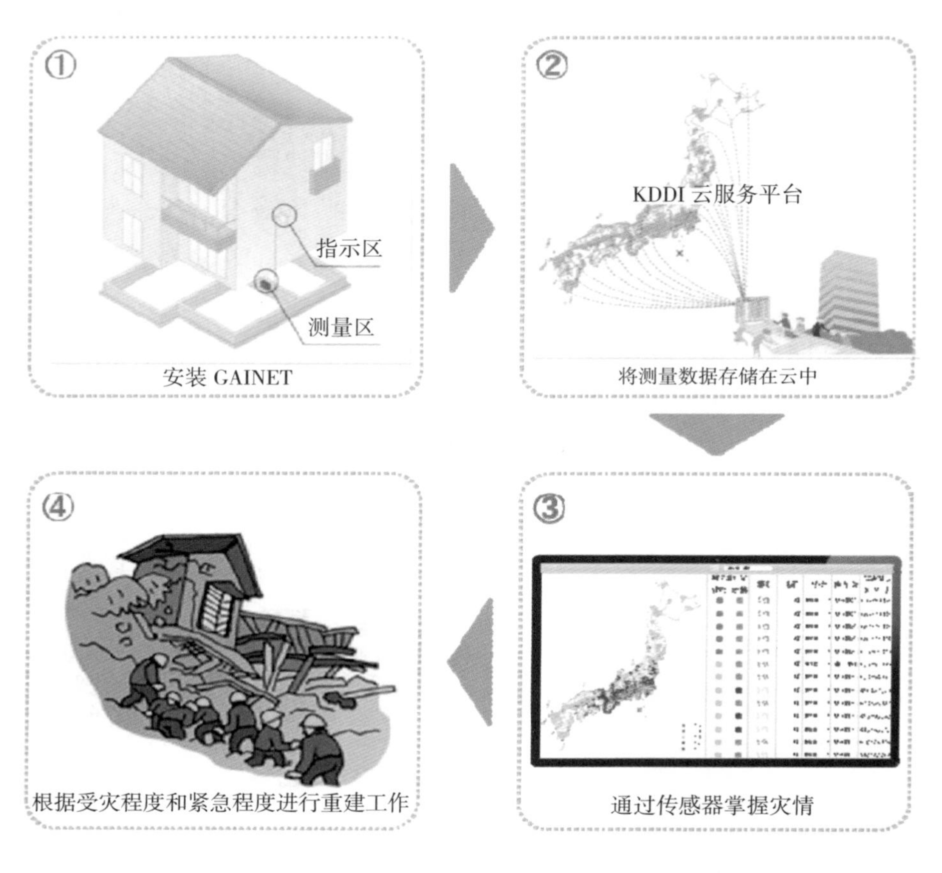

出处：MISAWA HOMES

图 4–9　木造住宅专用地震仪“GAINET”的应用场景

今后，为了增加 Link Gates 的用户数量，除了新建住宅，所有住在 MISAWA HOMES 建造的房屋的顾客们都将获得该项服务，同时该公司也在考虑对外销售这种服务。

· IoT 住宅专用建材

使用 AI 声控成为可能

SOUSEI 公司（奈良县香芝市）的董事长乃村一政对该公司出售的 IoT 住宅机器做了如下说明：“这并不是电器产品，而是一种新型建材，它甚至可以提供维护和保修服务，目前，我们将这种新型建材提供给中小型建筑公司。”

SOUSEI 是一家从事住宅业务的公司，这家公司利用自己建造房屋的相关经验和知识，积极投入到 IoT 住宅的研发当中。该公司开发的 IoT 终端设备“V–ex”可以发行电子折扣券、可以通过将卡放在终端设备上进行结算，还可以进行远程诊疗服务等。 在日本，与 SOUDEI 有合作关系的建筑公司有 700 到 1000 家，为了使他们都能够使用该设备，2019 年预计销售两万台。

V–ex 由 IoT 终端设备、AI 音箱和红外线指挥器三部分构成，包括安装和后续技术支持在内，以 18 万日元的价格出售给建筑公司。因其方针是不出售给家电商品店，所以也不出售给普通顾客。

电视右侧墙壁上安装的白色箱状终端设备是 V–ex 的主体。电视旁边的筒状 AI 音箱是 Amazon Echo

摄影：安井功

图 4–10 安装 V–ex 后

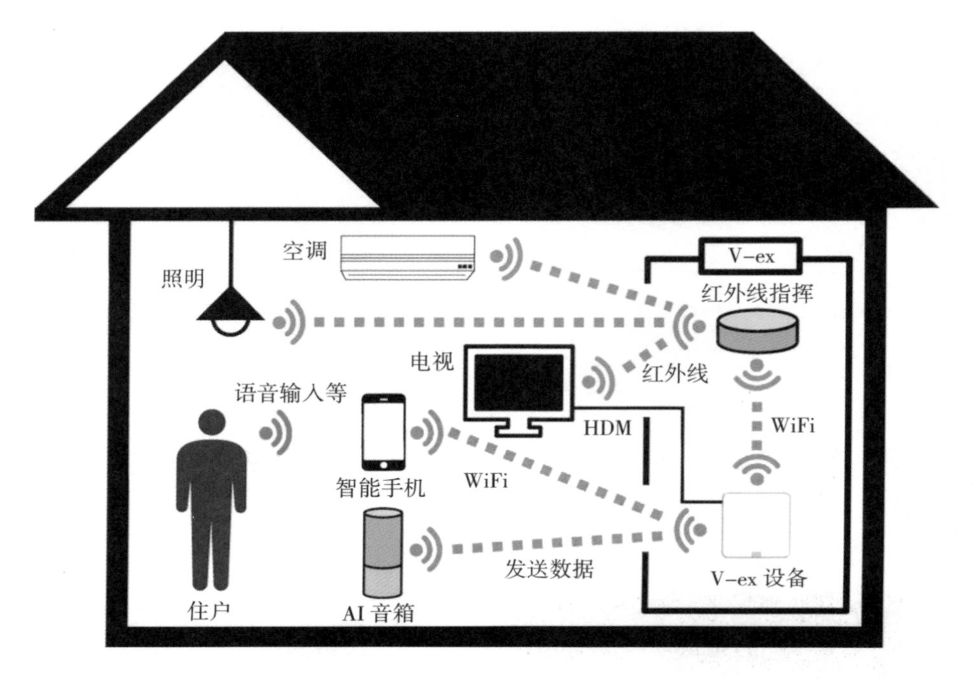

出处：日经 Homp Builder

图 4-11　V-ex 的主要功能以及协作构造

小型 IoT 终端设备安装的是安卓系统，投放到市场时就已经安装了基本的 APP。它还可以对自身机能进行更新，如连接 HEMS（Home Energy Management Systems），追加快递包裹跟踪 APP 等。

与互联网连接时要使用建筑物中的线路，再通过无线或者有线的方式与室内的路由器相连。电视和照明的开闭则需要与 RATOC Systems 的红外线指挥器相配合，也可在智能手机上进行操控。语音识别功能主要依靠美国 Amazon.com 的 AI 音箱“Amazon Echo”与 WiFi 连接来实现。操作命令大约有 16 种，主要用于照明灯光、电视、空调等的电源开关，及照明的亮度调整、电视的音量调整等。

主体有 HDMI 接头和 USB 接头。将 HDMI 接头与电视相连接，就可以在屏幕上显示信息。而现在正在开发的一款 APP，具有可视电话功能，这项功能主要是依靠与 USB 接头相连接的摄像头来实现。

SOUSEI 还在考虑通过 V-ex 提供有偿的远程医疗服务，利用可视电话功能就可以全年全天候接受诊治。

与此同时，SOUSEI 也在考虑与安全有关的服务，如从传感器的数据中收集有关地震的信息，或者，通过分析挥发性有机化合物（VOC）在空气的浓度，来监测室内的空气状况。此外，通过感知门窗打开时的气压变化，判断门窗状态的改变,从而警告非法进入。提供这样的安全服务也在探讨当中。

在安全服务方面，使用由欧姆龙生产的 USB 型环境传感器。该传感器可以检测温度、湿度、亮度、气压、声压、加速度、VOC 浓度等七种信息。今后，SOUSEI 将致力于通过反复的实证实验，实现提供安全可靠生活的服务目标。

目前，我们已经看到了各公司为 IoT 住宅而进行的努力，每一个课题也是一个商业模式，考验着商品提供者。他们到底能不能为消费者提供等价的服务呢？这些服务又是否可以作为附加价值免费提供给消费者呢？

大和住房工业提供了一种新思维，即聚焦于社会福利，如减少住房公司的间接费用、降低快递再配送及垃圾回收等社会成本。

该公司于 2017 年 11 月开始了一个名为“Daiwa Connect”的项目，并在 2018 年 1 月之后提出了一个应用 Google 的 AI 音箱——“Google Home”的 IoT 住宅方案。

如果能够降低住房企业的成本，或者减少社会的浪费，那么即使无法从购买房屋的人那里获得等价补偿，作为企业，也是有意义的。例如，住宅的设备和机械等需要维护和管理。现在，有一些可能导致家用电器出问题的原因可以传送到电脑上，并通过电脑确认和检查故障部位。如果这种机制可以通过互联网实现远程操控的话，就可以减少维护和管理的工作，也可以在上门维修前就准备好必要的配件。

进而，如果扩大监控设备和配件，对住宅整体进行远程管理和维护的话，那么对住宅公司而言，将非常有利。获取出错信息并对其进行分析，就可以提前采取措施，在故障发生之前更换零件，防患于未然。

· 空调的 AI 故障诊断

Chat Bot 自动应答

房地产公司和电机、设备制造公司致力于为消费者提供 IoT 住宅及相应的 IoT 家用电器和 IoT 建材，但与此相对的，消费者很难在其中找到等价的产品优势。对住户而言，他们所追求的并不是 IoT，而是更便利、更令人满意、更安全以及在他们遇到麻烦时能够及时提供援助的服务。

这样的话，制造商们在将 IoT 应用于家用电器和建材的同时，必须要考虑如何为已有的家电产品增加新的价值和服务。通过智能手机的使用，即便家用电器或建材没有直接联网，也有可能提供与 IoT 家用电器或 IoT 建材相当的服务。

2018 年大金工业[1]公司针对室内空调提供的“AI 故障诊断服务”就是其中的一个例子。当空调出现故障的时候，使用者通过智能手机回答 AI Chat Bot 的问题，这样就可以得到故障的诊断结果。在需要进行修理的时候，页面会显示出“预测修理金额”，可以通过智能手机直接进行申请。

此时 AI 使用了 Microsoft 云服务中提供的功能，通过学习空调用户的问题和答案，故障诊断的准确性会不断得到提高。不仅是空调，大金公司还计划将 AI 故障诊断服务应用到空气净化器等设备中去。

由于 AI Chat Bot 学习了电话接线员长年积累的应答经验，因此，具有与接线员相当的应对能力。此外，AI Chat Bot 还要学习用户对故障情况是“如何进行文字描述的”“在何处放弃描述的”等。通过学习空调用户的使用习惯，尽量减少必需的内容输入，不断改善手机画面的操作，提供更为精准的诊断结果。

对 AI Chat Bot 提问时，可自行组织语言，但是像“不制冷”“不出冷风”“漏水”“无法进行遥控”等常见问题则会以选项的形式出现，点击选项即可。AI 故障诊断服务不只是在手机上，在电脑上也可以完成。

---

① 大金工业株式会社，致力于化学工业、油压机械、特种机械和空调系统的制造，为综合性氟化学专业厂家。（译者注）

在 AI 故障诊断服务面世约一个月后，来自互联网的维修请求数量即上升了两倍以上。

出处：大金工业

图 4-12　AI Chat Bot 对话示例

此外，大金公司自 2016 年起，与擅长深度学习（Deep Learning）的 ABEJA[①] 合作，致力于将深度学习应用于为空调维修推荐、自动安排配件以及为上门维修人员规划更高效的路线等业务中去。

如果通过 AI 提高产品内部机能，那么当 IoT 家用电器普及时，就可以通过网络收集空调的型号和运行数据，并自动诊断是否发生故障，提前提醒用户更换配件。维修人员上门服务时已经备好了必要的配件，那么修理工作就可以一次完成。

与空调一样，如果热水器发生故障，也会给人们的生活带来不便。大阪燃气集团在 2017 年 10 月开始销售 IoT 热水器。热水器的主体部分在室外，室内主要是嵌入厨房墙壁的遥控器。这个遥控器拥有无线 LAN 功能

① 日本的人工智能（AI）和机器学习公司。（译者注）

（WiFi），如果在 WiFi 环境下，不仅可以远程操控燃气器具，还可以提供各种服务，如电话告知热水器故障的监控服务、长时间入浴的监控服务等。

· 利用空调提供看护服务

获取细微的身体变化信息

在今后的老龄化社会中，住宅所需要具有的功能之一就是家庭护理功能。大多数老年人都希望在熟悉的房子里，在熟悉的环境中，悠然地度过余生。对家庭护理而言，重要的是需要正确理解包括独居老人在内的每位老人的身体状况、行为和症状，因此，一些公司已经开始尝试将 IoT 应用于家庭护理当中。

SECOM[①]、ALSOK[②] 等提供家庭安保服务的公司相继增加了老年人看护服务，其关键是监视老人行为和房间状态的传感器。提供 IoT 家用电器等设备的制造商也已经开发出了多种传感器，同样积极投身于老年人看护服务这一领域。

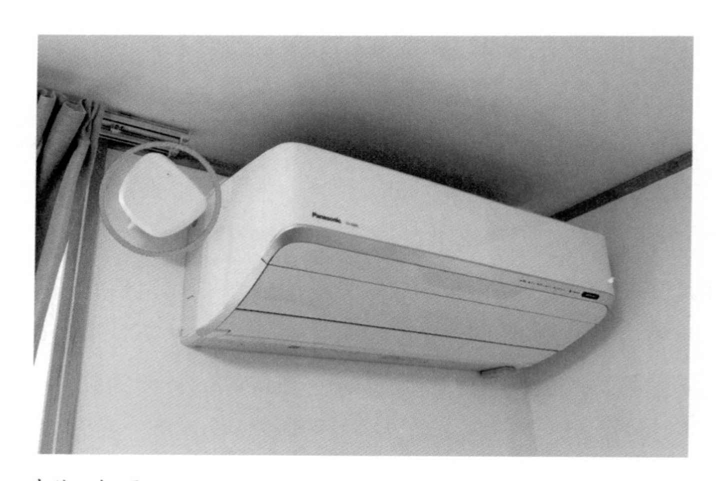

出处：松下

图 4-13　安装了房间传感器（圆圈部分）的空调

---

① SECOM（中文译为：西科姆），现为日本最大的安防公司。（译者注）

② 日本的安防公司。（译者注）

例如松下的“空调看护服务”，只需将一台内置无线适配器的空调和“房间传感器（无线电波传感器）”与网络连接，空调内的传感器就可以测量室内的温度和湿度，与此同时，室内传感器虽然是非接触式的，但是却能够检测到人体的活动，甚至可以获取呼吸引起的身体细微变化，如此一来，就连房间里的人“是否在呼吸”都可以判断了。

利用该机制，就可以远程控制空调，调节室内温度，也可以监控老人的行为、睡眠状况以及是否在家等。

在提供此项服务之前，松下就已经在老年人专用住宅中实施了类似的机制。位于神奈川县藤泽市的“藤泽可持续发展智能城市（藤泽 SST）①”是利用松下工厂的旧址建造的可持续发展智能城市项目，在这里，老年人专用住宅都附带学研 Cocofump② 提供的专业服务，被称为“Cocofump 藤泽 SST”。这里的工作人员通过公司的监视器监控住宅房间的温度、湿度以及居民是否在家等。温度过高的房间会变成红色，并发出警报。

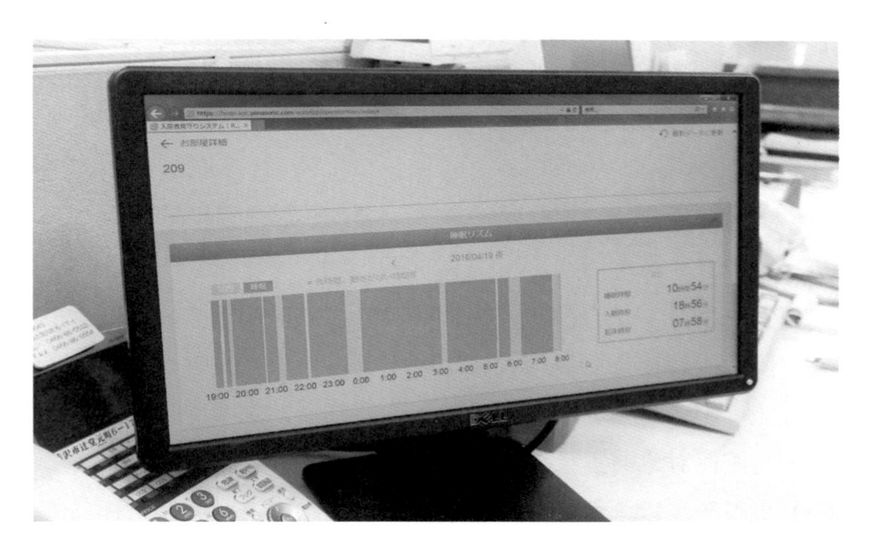

摄影：川又英纪

图 4–14　通过房间传感器掌握居住者的睡眠状况。蓝色代表睡眠，黄色代表清醒

---

① 藤泽 SST 全称是 Fujisawa Sustainable Smart Town。（译者注）

② 学研控股公司的子公司，事业重点是开发、运营服务式老年人住宅。（译者注）

房间传感器可以检测出人体的活动，所以它能够正确掌握人的睡眠周期。仅仅依靠夜间巡视的话，是无法掌握居住者的睡眠状况的，但是，房间传感器却可以按照时间顺序正确地对其进行记录。

把收集到的人体活动数据与记录在纸上的护理记录进行比对就会发现，虽然文件上的记录是“睡眠”，但实际上当事人却是在床上辗转难眠。

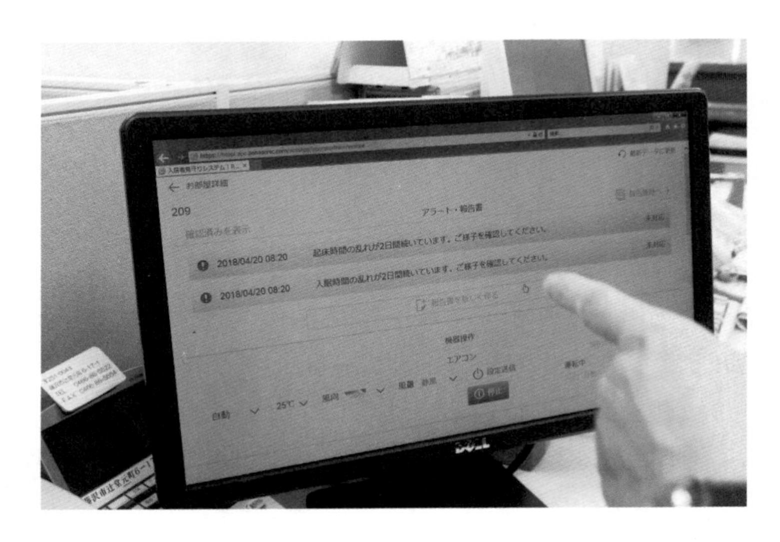

摄影：川又英纪

图 4–15　通知工作人员起床时间、入睡时间已发生混乱的警告

由以上这些技术情报分析得出的经验，可以应用于一般家庭。由于个人住宅房间数目较多，所以仅仅在空调上安装传感器是远远不够的，因此松下开发了其他传感器，如安装在门上的传感器，厕所专用传感器等，以整套房子为监控对象的实验也在进行。

安装摄像头可以了解老年人的情况，也可以像视频会议一样与其进行交谈。如果可以与亲友交谈，老年人也会更加安心。亲属通过摄像头可以确认老年人的身体状况是否有变，是否正确服药，还可以提醒老年人补充水分，防止出现脱水症状。

即便是在个人住宅中，睡眠周期也是最重要的观察对象。家庭传感器可以相当准确地记录夜间清醒的时间和次数，有利于医生与家庭共同制订合理的护理计划。

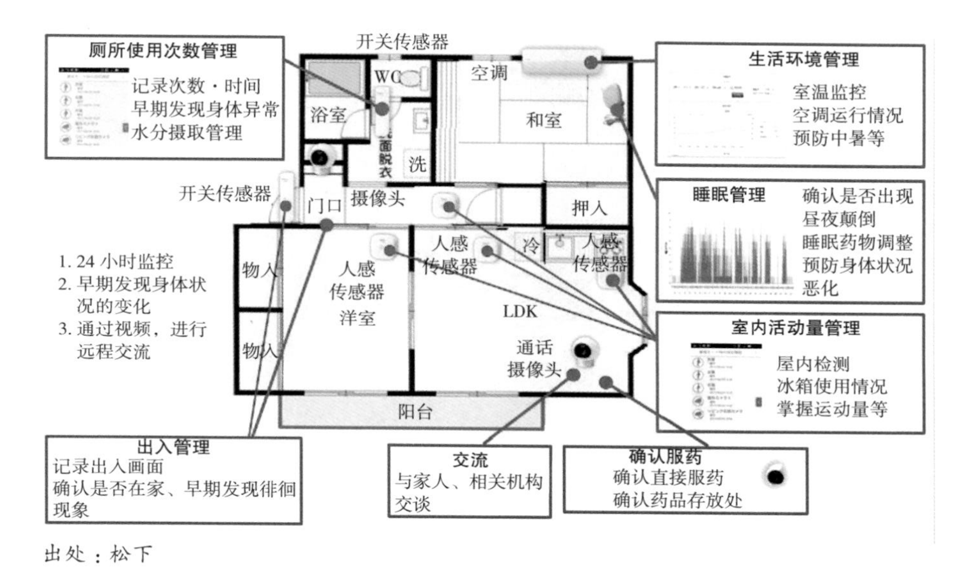

出处：松下

图 4–16　住宅各处的传感器安装示意图

在松下的家庭内实验中，获得过非常有意思的数据。某家人因担心家里的老人出现“夜间徘徊”症状，于是委托松下利用传感器分析其夜间的行为（传感器日志），结果发现了这位老人的特定行为模式，即老人半夜起来上厕所，然后从玄关出去，但是在外出 20 分钟后就会回来继续睡觉。

对此的分析结果是，“老人常年从事的职业要求他要格外注意第二天的天气，由于养成了这个习惯，他半夜醒来就要去确认外面是否下雨，因此不能断定出现了半夜徘徊的现象”。

像这样掌握正确的行为模式，有利于帮助老年人保持自主生活的能力。此外，如果老年人的附近没有亲戚居住，那么就有必要让周围的人共同看护老人。松下与提供日间老年人服务的机构 Polaris 合作，计划通过 AI 学习老年人的行为数据，用于帮助老年人制订康复计划。

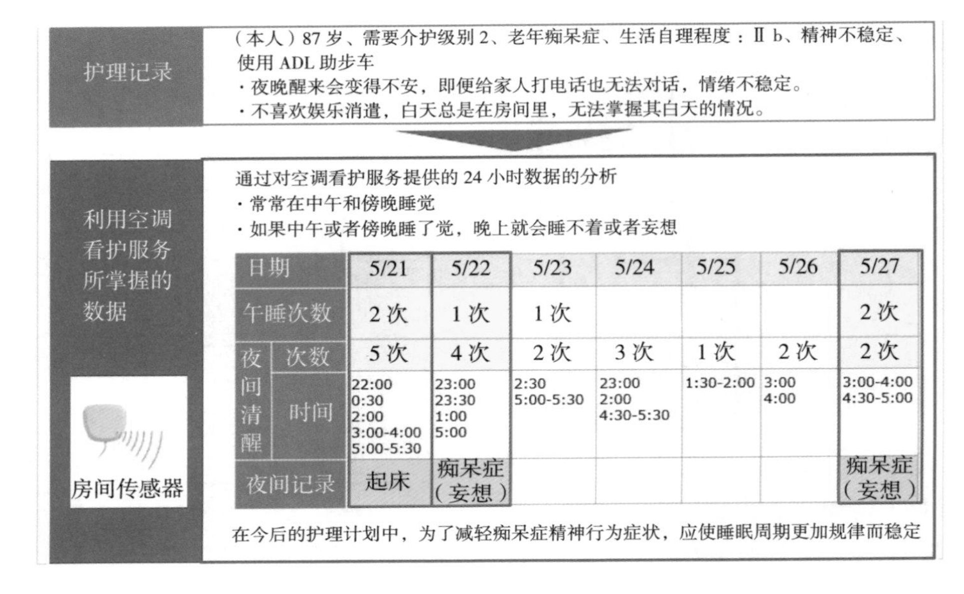

日期		5/21	5/22	5/23	5/24	5/25	5/26	5/27
午睡次数		2 次	1 次	1 次				2 次
夜间清醒	次数	5 次	4 次	2 次	3 次	1 次	2 次	2 次
	时间	22:00 0:30 2:00 3:00-4:00 5:00-5:30	23:00 23:30 1:00 5:00	2:30 5:00-5:30	23:00 2:00 4:30-5:30	1:30-2:00	3:00 4:00	3:00-4:00 4:30-5:00
夜间记录		起床	痴呆症（妄想）					痴呆症（妄想）

出处：松下

图 4–17　掌握睡眠规律，正确记录夜间清醒的时间和次数

・智能家居数据库

制造商的跨行业合作成为可能

人们在过去就进行过与 IoT 住宅相似的尝试，但与过去不同的是，现在的 IoT 住宅趋向于建立企业间的跨行业合作平台。

其中一个例子就是日本电子信息技术产业协会（JEITA）于 2017 年 9 月成立的智能家居部门。夏普、松下、索尼等家电行业的企业，富士通客户端计算设备有限公司和 NEC 个人电脑等 IT 行业的企业，以及 LIXIL 和 TOTO 等住房相关企业都名列其中。

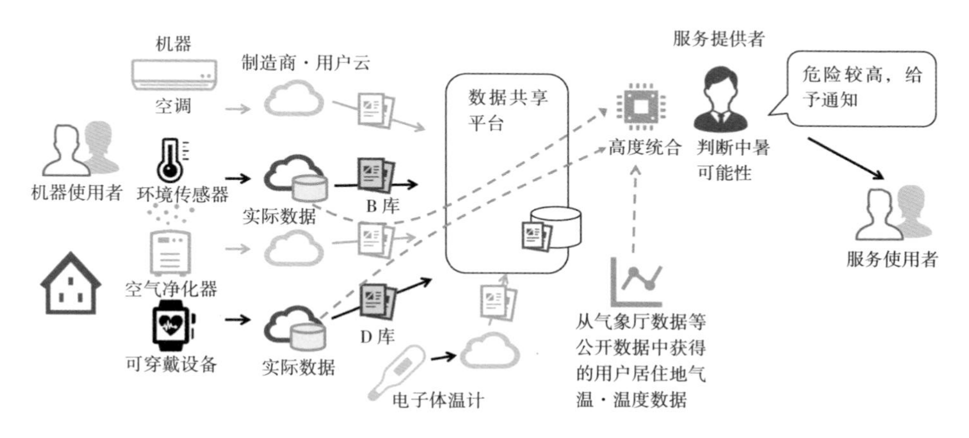

出处：基于电子信息技术产业协会的资料制作

图 4-18　数据库的用途

该部门认为，为了向普通用户提供更好的服务，有必要创建一个所有机器和设备都可以相互协作的平台。因此设立了“智能家居数据库 WG”等三个工作组，着手建立制造商跨行业合作必不可少的数据库。

由于制造商、机器等的不同，数据的属性也会有所不同。所谓的数据库就是对这些数据进行整理，使其能够通用。例如，同样是“室温”数据，其属性也是不同的，因为有的测量位置是靠近地板的，有的是靠近天花板的，有的是实际测量值，有的是估计值。

如果整合了这些数据，符合目标的情报获得就会变得更加容易，才有可能提供更好的服务。

今后 JEITA 会通过实证实验对课题进行验证，此外，为了实现多元化服务，JEITA 还鼓励其他行业，如保险、清洁等行业的企业也加入到智能家居部门里来。

· ZEH（零能耗住宅）

安装先进的能源管理设备

经济产业省积极推动的项目——ZEH（零能耗住宅 Net Zero Energy House）可以看作是上述平台建设的一环。ZEH 的目的是实现国家根据能源基本计划制定的节能目标，并在高效保温、隔热的基础上，引入高效设备，安装太阳能发电系统，建造真正意义上的零能耗住宅。

2018 年，该项目与 IoT 住宅的结合初见端倪。与 ZEH 相比，“ZEH+”的性能更高，因此必须要加入高效的能源管理设备。

该设备基于 HEMS（家庭能源管理系统 Home Energy Management System），并支持 ECHONET Lite。除了管理太阳能发电系统产生的电力之外，它还可以控制室内的冷暖气设备以及热水器等。

如果在房屋建造过程中安装这些设备的话，消费者就无须花费时间和金钱引入新设备了。基于 ECHONET Lite 的平台已经处于建设之中，只要是上面提供的服务，消费者就可以使用而无须准备额外的设备。

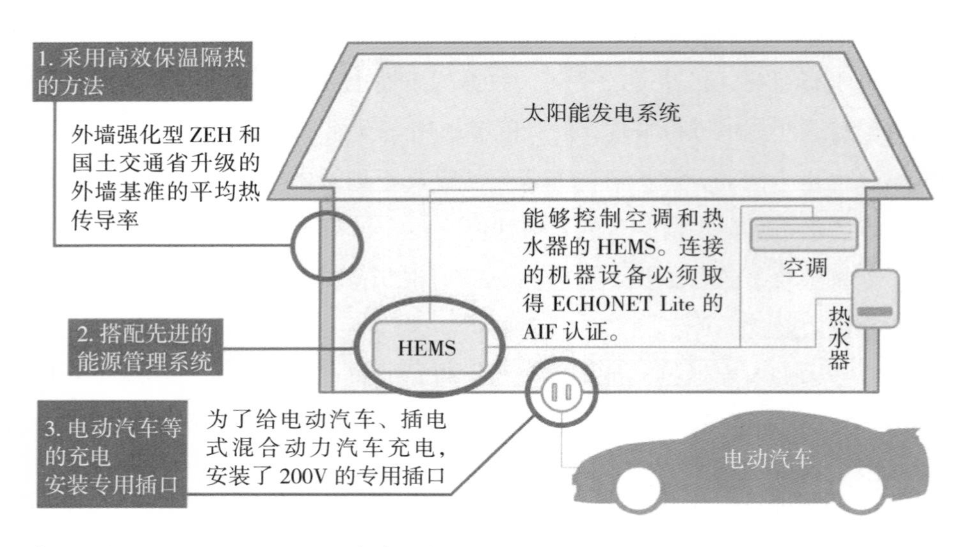

出处：由日经 Home Bailder 根据资料制作

图 4-19 “ZEH+”需要具备“高效保温隔热”、“先进的能源管理”或“电动汽车应对”这三个选项中的两个

此外，如果能够与上述 JEITA 着力建设的制造商、设备数据属性通用化的数据库合作，那么没有使用 ECHONET Lite 的消费者也能够享受 IoT 服务。例如，通过判断室温、居住者的状态等自动放洗澡水的服务就是一个典型的例子。

IoT 住宅成功的关键在于服务和内容。即使构建了一个平台，如果没有活跃于其中的有价值的服务或内容，那么也无法激活市场。要创造有价值的服务，必须探索出三方共赢的商业模式，并且重新定义居住空间。

三方共赢的商业模式是指使用者的便利性、提供者的利益以及社会贡献三者并存的模式。例如，如果 IoT 住宅中包含解决快递行业再配送问题的服务或内容的话，那么它的社会接受程度就会大大提高。

远程办公的出现使得住宅开始职场化，对于重新定义居住空间而言，这是个比较典型的例子。此外，如果与远程医疗相结合，那么住宅就会变成医院。也就是说，如果出现改变以往住宅概念的服务和内容，那么 IoT 住宅的内涵就会扩大不少。

在住房行业之外，其他行业也提出了类似的设想。例如，本田在 2017 年东京车展上作为概念模型展出了“ IeMobi”，IeMobi 将建筑物的一部分即一个房间变成了电动汽车，可以分开使用，这个设想可以说是住宅与汽车的交叉创新。

照片中央的房间相当于一辆电动汽车

图 4-20　本田在 2017 年东京车展上作为概念模型展出的“ IeMobi”

摄影：安井功

在驾驶席安装了大型显示器、方向盘以及驾驶专用座椅

图 4-21 （相当于电动汽车部分的）房间内部的模样

摄影：安井功

由于该部分与客厅地板高度一样，所以看起来就像是一间小屋子

图 4-22 最左侧为 IeMobi 的电动汽车部分

今后各种企业将会陆续进军住宅行业，以 IoT 住宅为首的多技术领域的交叉将会带来各种别出心裁的服务。如果能够出现消费者喜欢的特性化服务，那么 IoT 住宅就不会像曾经的未来住宅那样昙花一现了吧。

零售业

利用 AI 改变实体店

市嶋洋平 硅谷分社

随着互联网的普及，许多消费都可以在网上完成了。总务省的“家庭消费状况调查”显示，直至 2018 年 7 月，使用网络消费的家庭占全部家庭的 39.6%，较上一年增长了 5 个百分点。

与此同时，实体店也在不断进行革新。利用数字技术可以掌握顾客在实体店中的行为，从而推进实体店的自动化改造。

这一动向以 AI 的应用为基础，在中美日三国正在迅速展开。2018 年 1 月美国的 Amazon.com 利用 AI 图像识别技术，开设了无须排队结算的“Amazon Go”无人商店，并在全美展开。

客户通过扫描智能手机 APP 上显示的条形码进入 Amazon Go。Amazon 可以了解顾客在店内的行为，以及购买意愿。Amazon 已经掌握了线上顾客感兴趣的商品种类，今后他们将尝试收集实体店中顾客的数据。

因此，未来可能会出现一种新的机制，对于在实体店中犹豫着是否要购买的商品，Amazon.com 提供优惠券，促使顾客在网上进行购买。

在中国，阿里巴巴、腾讯、京东等网络巨头在实体店内已经尝试利用 AI、面部识别、QR 码等付款。

在这种背景下，日本也在积极地将 AI 应用于超市，而且不仅仅是针对店内，也对仓库进行优化。其目标是利用 AI 保证优质服务，以应对劳动力不足的现实问题。

· 安装 AI 摄像头的商店

通过 700 个摄像头掌握商品的变动和顾客的行为

2018 年 2 月，在福冈市东部的“Island City”，一个商店的出现引起了分销行业、数字技术行业、IT 行业等的关注，它就是“Super Center Trial Island City Store”。

这是一家兼具了超市和药店功能、24 小时营业的城市商店。就算是在工作日，附近的居民也会开车或骑自行车在早上 8:30 开门前赶过来。该店由九州的 TRIAL Company 开设，除此之外该公司在日本国内还经营着包括折扣店在内的 200 多家商店。

该商店之所以如此引人注目，是因为它在实体店应用了最新的 AI 技术。TRIAL Holdings（TRIAL 的控股公司）的西川晋二副会长表示，希望“用零售 AI 技术，改变日本的分销、零售行业以及市场的交易模式”。

此外，其中也包含着与从线上走向实体的 Amazon 的竞争意识。“Amazon 跨越了行业间的界限，它是从我们无法预测的盲点突袭，是抢走客户的‘破坏者’。作为幸存于破坏性变革时代的分销零售公司，我们必须成为‘先行者’”。（西川副会长）

在 Island City 商店的天花板等位置上，安装了约 700 个“智能摄像头（AI 摄像头）”。摄像头有两种，大约 600 个是用来识别货架和商品的，其余约 100 个用于识别人的行动。

600 个 AI 摄像头掌握并分析货架上商品的摆放情况、顾客与商品的接触程度。如果顾客购买了商品，商品就会从货架影像中消失，如果每分钟拍摄一张图像，那么就可以完全掌握货架上的商品变动。由于有 100 个左右的摄像头会对人的行为进行跟踪，所以很多人在货架前经过，商品却罕有移动的情况，以及与此截然相反的情况等都尽在掌握之中。此外，还可以分析每种产品的包装设计，产品的正面是否面向顾客，以及大量商品摆放时的方向等是如何影响购买行为的。

摄影：堀纯一郎

图 4–23 TRIAL Company 的“Super Center Trial Island City Store”

摄影：堀纯一郎

图 4–24 Island City 商店安装的 AI 摄像头

TRIAL Holdings 的执行董事松下信行 CTO（首席技术官）解释说："相较于各种假设，我们现在可以验证顾客的实际行动到底如何了。"

在卖场，利用 AI 摄像头可以识别产品、处理动态物体。产品识别相对容易，因为如果像超市那样排列货架的话，就无须学习全方位的图像。但是，如果产品包装非常相似，如明治巧克力的"蘑菇山"和"竹笋乡"。那样的话，"即使深度学习，也有可能弄错"（松下 CTO）。因此，"有必要将每个产品包装的特征数据化"（同）。

如果产品包装的方向稍有改变，就表明客户将其取出后又放了回去，如此就可以知道 POS（销售终端信息管理）数据所不能反映的顾客行为。通过识别产品包装，还可以预判"哪种产品可能缺货"。

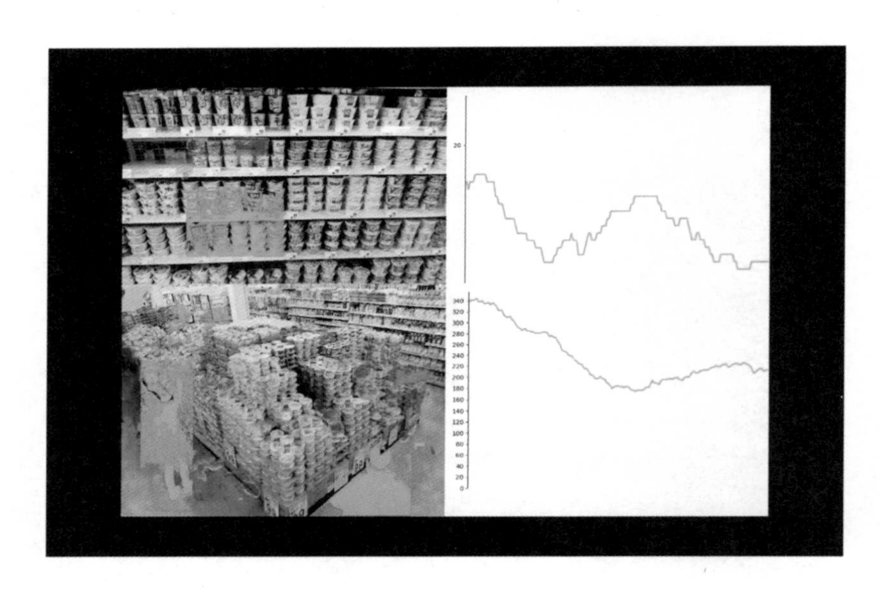

出处：TRIAL Holdings

图 4-25　识别、分析店内的图像数据，掌握商品的陈列和销售情况

所谓的动态物体处理，就是对移动的物体，也就是人的图像进行处理。当顾客进入货架上观察商品的摄像头的监控范围时，AI 就会将其识别为移动物体，并移除人的图像。

Island City 商店在实际运营了一个月后，得出了一个结论："顾客对啤酒和点心的选择倾向是不同的。"（松下 CTO）当通过摆放啤酒的货架时，大多数顾客会准确指名自己想要购买的商品；另一方面，在购买点心时，顾客大都要经过一番思虑才做决定。

对于中央通道的特设区域——"中央摊架"上摆放的六罐装或者箱装啤酒，顾客会先在货架的角落位置观察商品，然后才会进一步接触商品。对此，松下 CTO 表示："不论是原本排放固定商品的货架，还是先观察再购买的中央摊架，它们都各自有着不同的特点。"

对店铺进行拍摄的 600 个 AI 摄像头是由 TRIAL 利用旧款智能手机制作的。松下 CTO 原本是在索尼负责数码相机的软件工程师，但是他强调："零售业也迎来了自行研制 AI 摄像头的时代，因为 TRIAL 有自己的卖场，所以在开发新型 AI 摄像头时，就可以把如何吸引消费者这一内容加入其中。"

一个智能手机的价格在三万日元左右，但是因为是旧款，所以只需要不到一万日元。松下 CTO 明确表示："这些摄像头性能完全没有问题，只是因为手机款式旧了，所以可以以低价购买。"

AI 的图像识别功能使用的免费软件，由 TRIAL 的工程师通过阅读与 AI 相关的论文自行研发。"现在是几乎不花费开发成本，就可以使用 AI 图像识别技术的时代了。"（松下 CTO）

对人的行为进行监控的一百个摄像头是从松下购买的，为了消除它带给人的压迫感，特地采用了比较时尚的设计。它们掌握了商店的访客总数，每个销售区顾客的人数和停留时间，以及消费者在店内的移动规律等。在传统的商店，通过 POS 机可以掌握购买结果数据，但很难掌握消费者在店内的采购行为。如果使用摄像头的话，甚至连没有购物的消费者的行为也可以掌握了。

这款摄像头是具有云处理功能的，能够推测出店内消费者的性别和年龄。考虑到消费者的隐私保护问题，从拍摄到的影像中提取性别和年龄信息后，这些影像数据就会从摄像头中删除。仓库没有必要安装具有图像识别功能的电脑。

· 菜品评分系统

猪排盖浇饭的外观评价

TRIAL 还在店铺的后厨使用了 AI，其中的一个例子就是使猪排盖浇饭的成品质量均等化的探索。

决定猪排盖浇饭外观的，是洋葱、鸡蛋、葱以及米饭的搭配比例，经常出现的问题是，“在店里制作猪排盖浇饭的人并不都是行家，不同的人做出来的猪排盖浇饭的外观会有很大不同，销售额也会因此有所不同。”（松下 CTO）

因此，他们进行了评价实验——在厨房烹饪台上安装 AI 摄像头，对猪排盖浇饭给予自动评分。AI 摄像头进行拍摄时，成品是放在便当盒里的，通过深度学习识别猪排盖浇饭的配菜——葱、洋葱、鸡蛋、米饭等，并将搭配比例进行数据量化。对于鸡蛋，准备多个数据，如“半熟黏稠状”，“像煎鸡蛋一样”等。

“评分结果会影响薪水收入，做得好的人会加薪，做得不好的人会被告知问题出在哪里，及如何在制作方法上改善等。”（松下 CTO）

松下 CTO 说：“AI 除在极少数情况下会把炸猪排和洋葱弄混外，基本上没有什么问题。目前正在探讨是否可以通过变更食材目录，以同样的办法实现对散寿司饭、幕内便当等便当或菜品的评价和改良。”

虽然尚未决定是否实际将猪排盖浇饭评价机制应用于商店，但从实验结果中获得经验，对其他方面的 AI 应用是有帮助的。

· AI 无人便利店

JR 的车站实验店

在 Amazon 的无人商店“Amazon Go”出现前，就有人进行了 AI 无人便利店的实证实验。东日本旅客铁道公司（JR 东日本）于 2017 年 11 月在 JR 大宫站的车站大厅内特设了一个这样的商店，使用期限为一周。

顾客在实验商店的门口刷卡（Suica 等 IC 卡）进店，AI 通过天花板上的摄像头拍摄的图像数据锁定人物，并将其与所拿商品或结算联系起来。

人物的锁定是通过服装、走路方式等面部以外的特征实现的。

在距离货架商品很近的地方安装小型摄像头，这样就可以知道顾客拿了哪些商品。为此，事先利用 AI 学习了商品的包装设计。

顾客走到出口附近的收银台时，AI 会在显示器上显示顾客选定的商品。在确认清单后，顾客通过进店时刷的 Suica 卡结算并离开商店，而个人的特定信息则不会被保留。

虽然这只是一个实证实验，但是顾客的确是可以购买商品的。多个顾客同时出现可能会出现无法单独识别的情况，所以进店人数限制为 1 人。如果提高它的精确性，那么即便多个顾客购物也可以进行识别和单独结算。

除了个人的特征外，AI 还通过类似“有两条腿”这样的信息对人类进行把握。出于这个原因，有时会无法识别穿长裙的女性。然而，随着 AI 的发展，其判断的精确度也会不断提高。

如果像这样使用拍摄的图像，那么商品就无须附加 IC 标签。这样不仅节省了安装 IC 标签的成本，也可以使便当等商品能够直接进行微波加热。对顾客进行拍摄也可以使用一千日元左右的网络摄像头。

虽然没有在实验中进行，但该技术也可以判断人的年龄和性别。在顾客购买酒精或烟草时可以估计其年龄，并在被判定为未成年时发出警报。

Signpost 公司为这个实验提供了系统开发、咨询服务和图像深度学习等 AI 技术。

摄影：市嶋洋平

图 4-26　JR 东日本开设的无人便利店

产品制造

Digital Twin① 改变制造业

神近博三 日经×TECH

“Digital Twin”是制造业的关键词之一，它是指在数字世界中忠实再现现实世界的设想，或是指数字再现的现实世界模型。Digital Twin 模型可以不间断地反映出实际产品使用过程中的变化和情况，并且还能够单独反映各产品的情况。它在产品的整个生命周期，即从设计到生产再到实际使用，甚至到产品报废的整个过程中发挥着多种作用。

说到“在数字世界中再现真实世界”，这可能会使人想到 3D－CAD 创建的数字样机（DMU②）。DMU 作为试制模型的替代品，其作用在于能够对产品设计进行更为细致的探讨。

Digital Twin 一词最早出现在美国国家航空航天局（NASA）2011 年的论文中，其建议宇宙飞船和美国空军的飞机利用 Digital Twin 技术，制作 Digital Twin，由其随时反映飞行中记录的数据，掌握机体老化情况。此外，通过进行模拟，在延长机体寿命的同时，实现使用时间最大化，并找到合适的维护方法。如果能正确掌握机体的实时信息，那么就可以将最终确保安全性所需的时间控制在最短，在确认机体强度的同时，还有利于改善其轻量化和强化其装载能力。

---

① Digital Twin 数字孪生：是充分利用物理模型、传感器更新、运行历史等数据，集成多学科、多物理量、多尺度、多概率的仿真过程，在虚拟空间中完成映射，从而反映相对应的实体装备的全生命周期过程。（译者注）

② Digital Mockup（数字样机、数字化样机），是特指在三维 CAD 环境下，对复杂产品的大装配模型进行浏览、可视化和装配模拟的相关技术。（译者注）

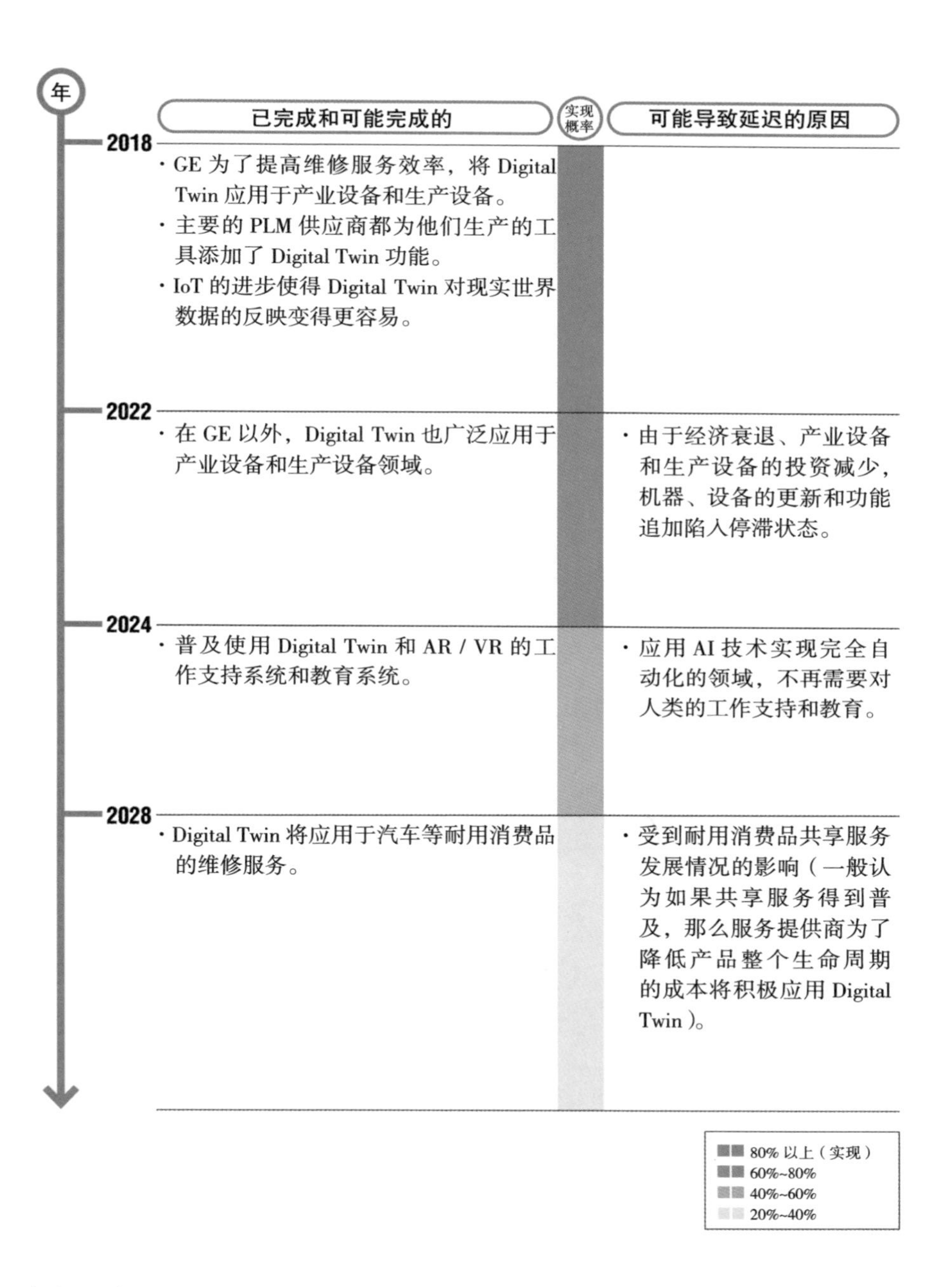

出处：日经×TECH

图 4–27　Digital Twin 的未来年表

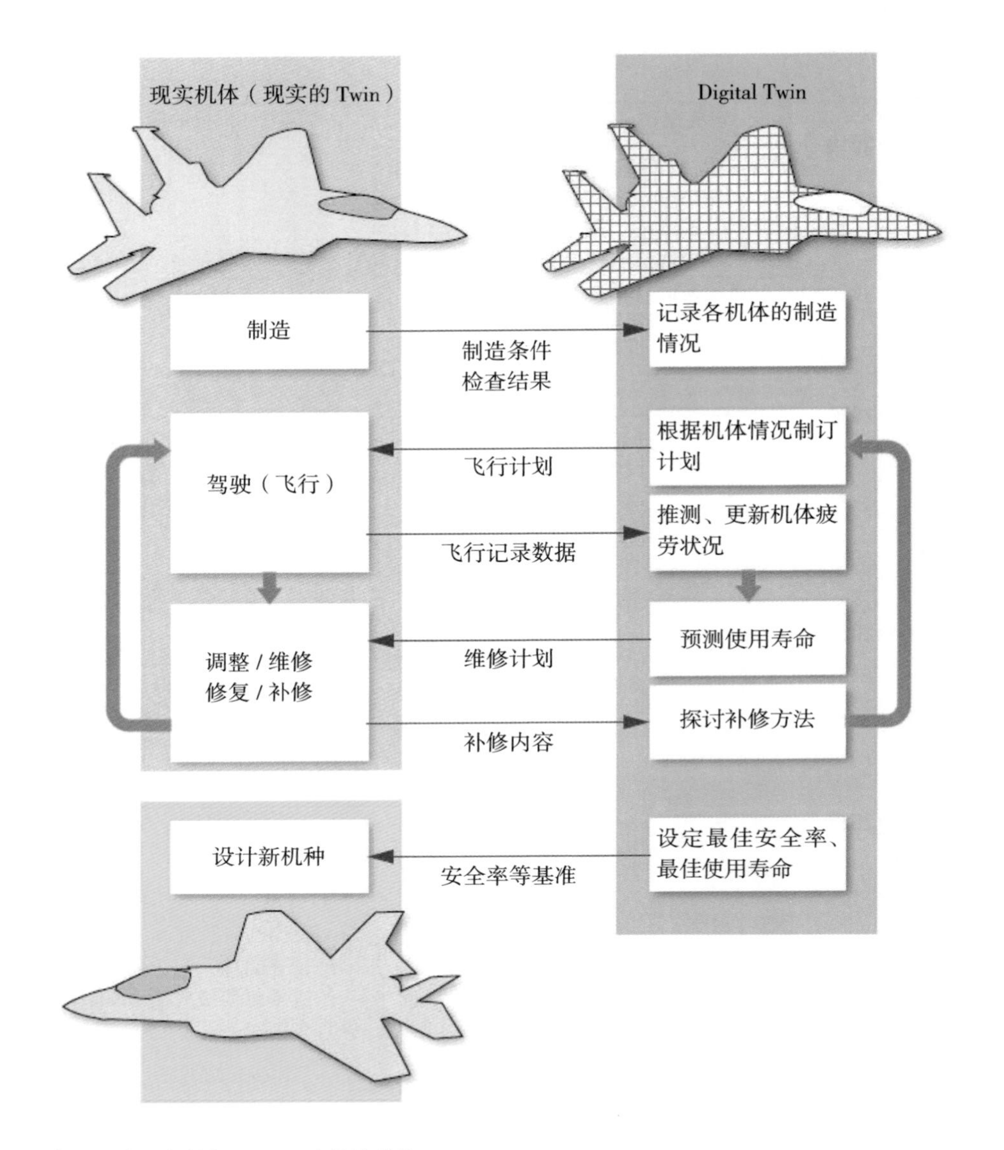

出处：由日经根据 NASA 的资料制作

图 4-28 NASA 构想的 Digital Twin 原型

2011 年，Digital Twin 出现在 NASA 的论文中时，还无法像现在这样使用 IoT 和 AI，但到 2018 年，情况发生了变化。随着 IoT 的普及，现在已经具备了收集 Digital Twin 反映现实世界所需数据的能力，AI 深度学习的出现提高了预测的准确性，通过云服务可以轻松使用高性能计算能力。

· Digital Twin 预测性诊断

在产品状态图像上添加实际运转时的数据

美国通用电气公司（GE）在该公司订单生产的喷气式发动机和风力涡轮机等设备中，应用了 Digital Twin 预测性诊断技术，作为 Digital Twin 应用的实例，这一使用引起了广泛的关注。

风力发电使用的涡轮机，受到安装场所地形的影响，每个配件的磨损程度各不相同。GE 的操作是，拍摄每个涡轮桨叶的表面状况，并在图像中加入温度、旋转速度等数据，以此来分析桨叶的老化程度，在故障发生前采取适当的措施，提高设备的运行效率。这可以称之为 Digital Twin 一个应用实例，即收集实际运行数据，并用 Digital Twin 再现现实世界。

在工厂的生产线上也开始使用 Digital Twin 了。在 GE Health Care · Japan 的日野工厂，生产医用超声波诊断设备探针的生产线上，各种数据都会被收集起来，并统一进行管理和监控，这样就可以了解生产设备的配件是如何老化的，并在故障发生前判断配件的更换时间。

通过 GE 的 IoT 平台“Predix”实现收集、分析生产设备和生产线的数据。

目前 Digital Twin 主要是应用于高额的生产设备和工厂生产线，但是在将来，可能也会用于耐用消费品的维修服务上。例如，为了实现自动驾驶，汽车上要安装大量的传感器，如果收集和使用这些传感器中的信息，那么就可以在数字世界再现每一辆汽车的状况。

让我们来整理一下实现 Digital Twin 所需要的技术。应用 Digital Twin 并取得成功需要分三个阶段，并且每个阶段都要有相应的技术支撑。

第一阶段要收集现实世界的信息，并用 Digital Twin 反映，此时，需要使用 IoT 技术来收集传感器以及传感器中的信息。第二阶段要在数字世界中分析 Digital Twin，这一阶段由电脑进行数值模拟和大数据分析，AI 等技术尤为重要。第三阶段，将分析结果应用于现实世界，将其作为决定机器、生产设备的各种参数及维修计划的依据。为了将分析结果以简单易懂的方式表示出来，需要使用 AR（增强现实）和 MR（混合现实）。

出处：通用电气公司

图 4-29　风力发电涡轮机（左）与其 Digital Twin（右）

・配件传感器化

通过表面的电流来测量施加力

传感器作为第一阶段的支撑技术，也出现了将配件本身用作传感器的尝试。其中之一是由德国舍弗勒开发的“Sensotect 涂层系统”。在诸如轴承和支架等配件表面上安排布线图，并接通电流。根据配件的损毁程度流过布线的电路电阻会有所不同，因此可以测量施加在配件上的力和转矩。在配件表面有特殊的合金涂层，将其刮掉留下布线图。

配件传感器化之所以会引人注目，是因为它省去了安装传感器的麻烦。如果利用现有传感器不能获得第一阶段所需的物理量，那就需要安装新的传感器，或是利用现有传感器获取的物理量，推断所需物理量。新安装的传感器最好是不受空间限制的小型、轻量化传感器，并且还要确保电源和通信设备不受影响。

出处：舍弗勒

图 4–30　利用 Sensotect 涂层系统附加了传感器功能的轴承（左）和支架（右）

· 轮胎传感

非传感器把握轮胎状况

住友橡胶工业的“SENSING CORE”就是利用现有传感器获取的物理量来推断其他物理量的应用实例。具体而言，就是利用计算机分析已获取的轮胎转动信号，如此一来，就可以在不安装新的传感器的情况下检测轮胎气压、负载、磨损和路面情况。

路面情况的检测要用到滑移率，即使轮胎与路面处于黏着状态（不处于动摩擦状态）时，弹性变形也会引起微小滑移，加速时驱动轮与非驱动轮的轮胎转速（转数乘以轮胎周长）就会出现差异。SENSING CORE 将非驱动轮的转速视为车速，驱动轮的转速与车速的差除以车速所得的值就是滑移率。

尽管 SENSING CORE 发展 Digital Twin 的目的在于自动驾驶技术，而非增加轮胎附加价值，但是通过制作行驶中车辆的“Twin”，就可以在不安装传感器的情况下，收集轮胎的数据。

· Digital Twin 的 PLM[①] 工具

三维设计数据与收集数据的联合

针对 Digital Twin 应用的三个阶段，主要的 PLM 工具供应商，如美国 PTC 和法国 Dassault Systems 等正在扩展其功能。PLM 工具可以管理 CAD 数据等产品设计信息和 BOM（Bill of Materials），并向设计师们提供编辑、加工这些信息的功能。

PTC 购买了开发“Thing Worx”这一 IoT 平台的公司，通过使用 Thing Worx，可以实时获取建筑机器和机床等的运转信息，也可以开发分析专用 APP，这就是使 Thing Worx 获得的信息与 PLM 工具的三维数据相互结合。Dassault Systems 将 PLM 工具与监视、管理生产线的 MES（制造企业生产过程执行系统 Manufacturing Execution System）相结合，并根据 PLM 数据的模拟结果灵活地更改工作内容，为生产线的 Digital Twin 应用提供便利。

现在 Digital Twin 仍处于发展阶段，从现实世界获得数据，到转化为 Digital Twin，会出现一定的时间延迟。此外，如果是汽车的话，首先会对轮胎等磨损较快且与安全性直接相关的配件应用 Digital Twin，也会应用于维修，但不会涵盖全部的、多达数万个的配件。

即便如此，我们仍可期待今后在 IoT、AI 和模拟领域的技术创新。Digital Twin 应该会越来越接近理想的状态，即“作为现实世界的双生子掌握完整信息，忠实再现其行为”。

---

① PLM（产品生命周期管理 Product Lifecycle Management）。

基础设施维护

从路面检查着手，提高维修效率

浅野祐一 日经×TECH、日经 Home Bailder

木村骏 日经×TECH、日经 Constraction

桥梁和隧道等基础设施的维护和管理方式正在发生深刻的变革，为了预防事故的频发，包括强制定期检查在内的各项制度不断完善，新型检测技术的开发也在加速进行中。

日本政府提出，截止到 2030 年，国内重要基础设施和老旧基础设施的检查和诊断等业务，百分百由符合一定标准的、具备传感器和机器人等新技术的管理设施承担，在中期目标的 2020 年左右，其比例将达到 20%。

基础设施维护管理市场规模巨大，预计到 2023 年，国土交通省管辖范围内的日本国内基础设施维护市场，其规模将超过 5 万亿日元。需要应对基础设施老旧化的，并不仅是国土交通省，除了农道、林道、水道，还有由私营企业管理的基础设施。如今，国土交通省以外的国内基础设施维护市场约为 5 万亿日元，如果将目光投向世界市场，其规模大概会达到 200 万亿日元。

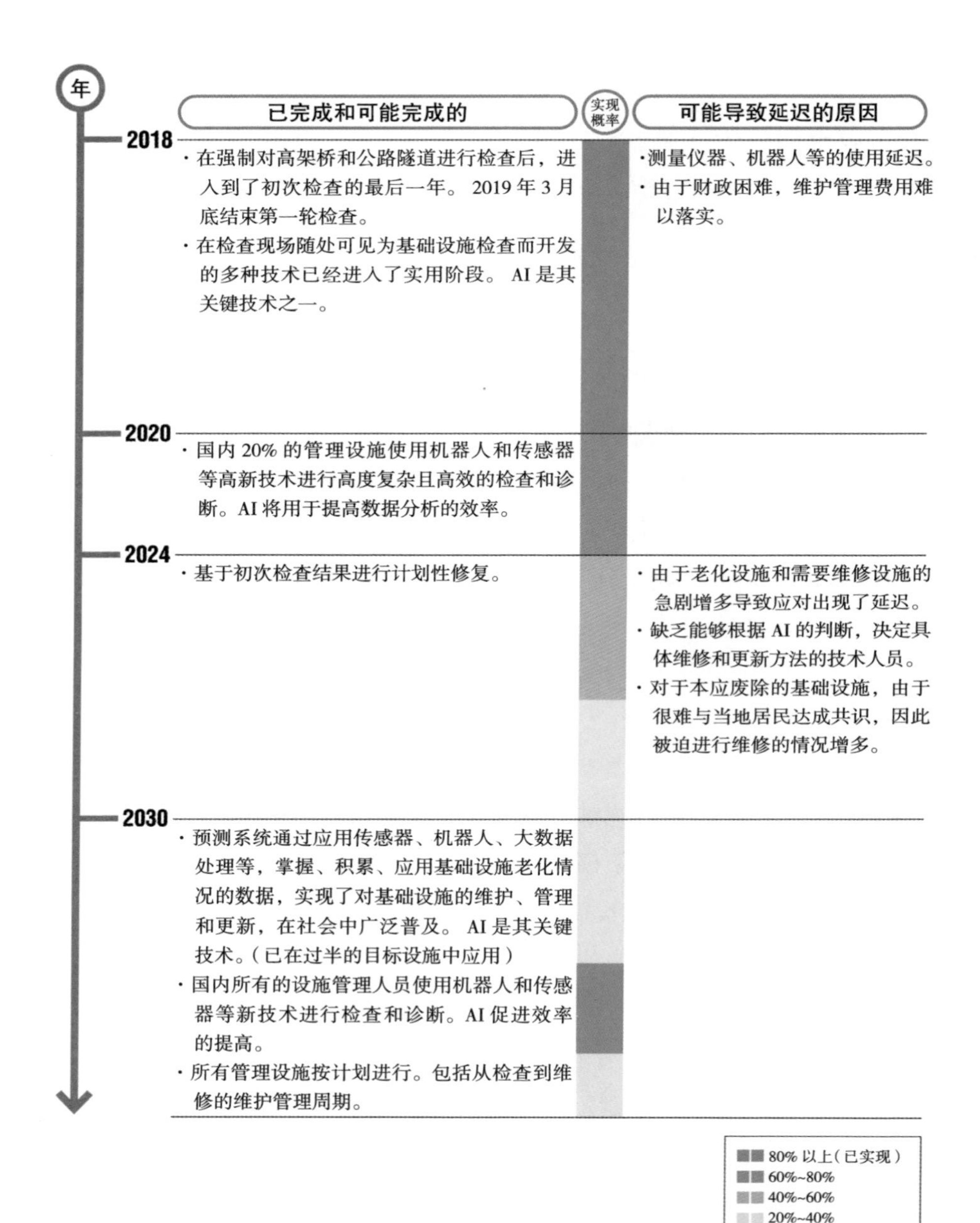

出处：日经×TECH

图4–31　通过AI等实现基础设施维护管理向高效化发展的未来年表

从巨大的市场可知，仅日本国内的基础设施数量就十分庞大。例如，在全国范围内，长度两米以上的桥梁数量约为70万，而且到15年后的2033年，除去建设年份不详的桥梁，其余的67%都是拥有50年以上桥龄的高龄桥段了。

由于国家和地方政府的财政紧张，因此所有老旧基础设施不可能都按照重要设施的水准进行检查和维修。重要的桥梁不仅检查优先，还要优先进行维护。由于数量众多，其重要程度和老化程度也不尽相同，因此更需要按照各自的现实需求进行检查和维护。

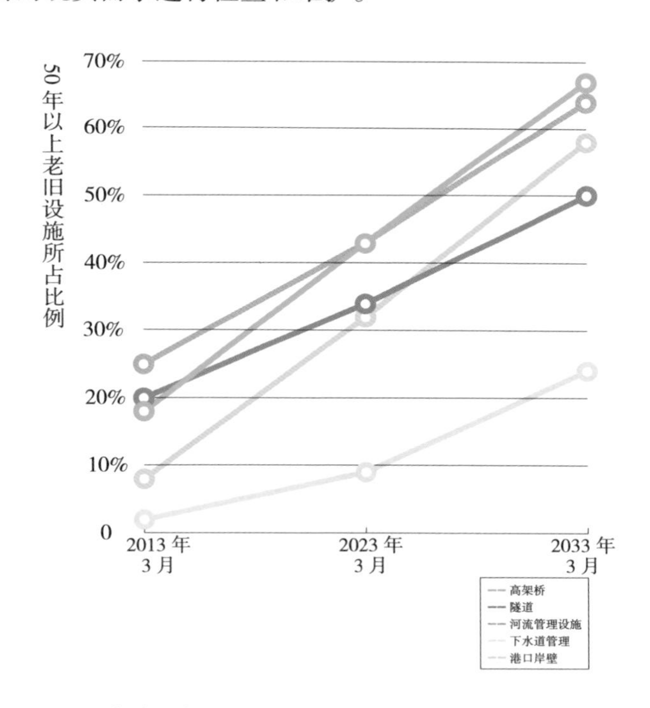

出处：根据国土交通省资料制作

图4-32　50年以上老旧设施所占比例

在这种情况下，对基础设施检查和状态监测有利的机器人和传感器被陆续开发出来。例如，通过使用无人机，可以在不搭建脚手架的情况下进行检查，通过安装震动传感器，可以掌握物体的震动状况。

其中，AI 在维护管理方面的应用获得了较高的关注。因为即便通过检查获得了数据，如果不能实现对数据的有效评估和使用的话，那么降低成本从而应对大量基础设施这一目标也是无法实现的。

例如，2016 年 4 月，阪神高速公路公司在描述其未来发展蓝图的《阪神高速集团愿景 2030》中，提到了通过 AI 加强交通管制，致力于实现道路维护管理的高效化。在 JR 东日本公司的《技术革新中长期愿景》中，也提出了将 AI 应用于安全保障和维护管理的方针。

在基础设施维护管理上，道路检查实现了 AI 的实际应用，它可以检测出道路上的裂纹和坑洞（路面上的洞），以成熟的技术为武器，多家公司展开了竞争。

· 道路损伤诊断系统

从图像判断老化程度

2017 年 1 月，福田道路公司和 NEC 共同开发出了利用车载摄像机拍摄路面图像，检测裂缝和“车辙”（路面上连续的凹凸），并自动判断受损程度的“道路损伤诊断系统”。

在开发过程中，使用了 NEC 的一款具有深度学习功能的 AI 软件“NEC Advanced Analytics-RAPID 机器学习”，其过程是准备大量的路面图像，让 AI 学习由图像以及专家的诊断结果构成的数据（教学数据）。2017 年 12 月，基于所开发系统的服务“Multi-Fine Eye”面世了，它不仅可以检测出裂缝和车辙，还可以用三个阶段表示受损程度。

NTT COMWARE 公司开发了一套系统，该系统通过深度学习，能够计算和检测道路的裂缝率、平整度和坑洞。其操作是通过吸盘将 4K 摄像机安装在车的挡风玻璃上，并以每小时 30~60 千米的速度拍摄路面，将拍摄的动态画面按一定间隔提取静态图像，将这些图像与技术人员通过目测得出的结果结合在一起让 AI 进行学习。测试阶段的检测准确率约为 80%。

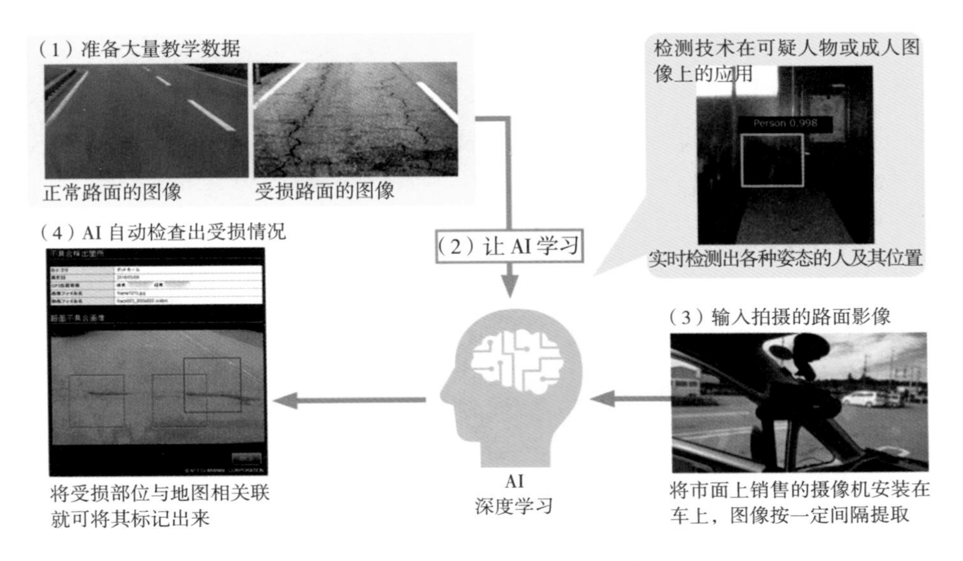

出处：由日经 Construction 基于 NTT COMWARE 公司的资料制作

图 4–33　通过 AI 对道路损伤进行检测的事例

与福田道路系统一样，GPS（Global Positioning Systems）也可以记录道路异常的位置信息，再通过在地图上查看静止图像或视频进行确认。如果将系统与道路登记相关联的话，异常信息与维修历史的核对确认就会变得非常简单，维修计划的制订也会变得容易。

通常，高速公路和国道会使用路面性能检测车来调查路面的裂缝、车辙和平整度，计算出被称为 MCI（Maintenance Control Index）的指标，并把它作为参考，判断维修或更换的必要性。但利用路面性能检测车进行调查的话，费用较高，而且也需要一定的时间，因此，开发了使用 AI 的道路检查系统。

为了能够通过使用非破坏性检查设备或机器人获得大量数据，正确把握基础设施的状态。除了路面检查之外，当今，AI 的应用已经越来越广泛了。典型的例子有通过分析数据来调查路面下空洞的雷达探测技术，有对隧道混凝土进行敲声试验的机器人，以及使用无人机进行的桥梁检测等。

然而，基于检测结果进行有效维修，仍然存在着有待解决的课题。原本，在物体的维护和管理中，由于老化等原因引起的问题，在其尚且轻微之时就进行修复，是应该优先进行的选择，这种操作被称为“预防性维护”，这不仅可以大幅降低成本，同时也能够延长寿命。但目前，通过检查确认的轻微损伤，几乎无法获得修复。

维护管理不能顺利进行的一个原因是，在压缩维修成本的同时，应对大量基础设施的创新技术还没有得到有效开发。即使检查技术等得到发展，并且通过 AI 可以准确掌握其受损情况，但是如果无法做到根据受损程度提供性价比较高的修复方案的话，保持基础设施健全状态的构想也只能是一纸空谈。

因此，要实现政府提出的创新基础设施检查和维修的目标，其关键仍然在维修阶段。除了根据检查结果使用适当的维修技术，选择合适的材料，确定维修时间外，想要使既存设施在不影响使用的情况下进行复杂维修，那么在施工方法、材料开发、施工计划制订等领域，革新也是必不可少的。在基础设施维修领域，AI 技术应该有较大的发挥空间。

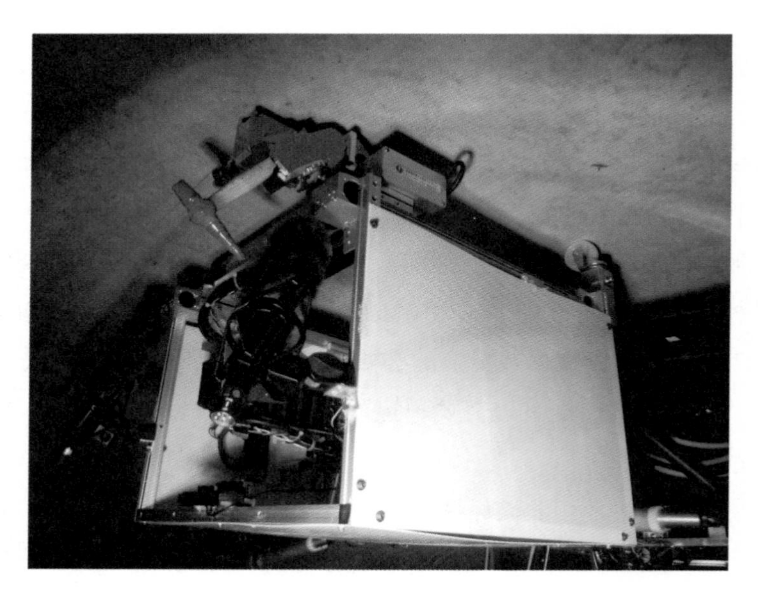

由东急建设公司等在内阁府的战略性创新计划（SIP）的号召下开发。
由机器再现敲音试验，与人敲打时发出的声音是一样的。
出处：东急建设公司

图 4–34　隧道全截面检查、诊断系统

服装

自动量身技术推动低价定制时代的到来

染原睦美 日经×TECH、日经计算机
川又英纪 日经×TECH

由 ZOZO（2018 年 10 月 1 日公司名称由 Start Today 改为 ZOZO）经营的时尚电商“ZOZOTOWN”可以说是服装行业的中心。其市值约为 1 万亿日元，是三越伊势丹控股公司的两倍左右。

该公司于 2018 年开始发展自有品牌（PB）“ZOZO”的相关业务，并更改了公司名称。这是一个挑战，意味着公司的业务开始发生转变，从过去的服装公司批发产品的零售业，开始向制造业转变。

迅销公司的优衣库也是从零售业起步的，后来逐步转向生产具有较高利润率的自有品牌（PB），才有了今天的成就。

ZOZO 的自有品牌，其独特之处在于它向每个客户免费提供测量体形的工具，并提出了以大规模定制的方式生产产品的方针。

消费者可以买到尺寸合适的自有品牌，穿着的时候完全没有束缚的感觉。这实现了由消费者适应大中小等尺寸以及“均码”这种“没有尺寸”的服装，向服装适应消费者的转变。

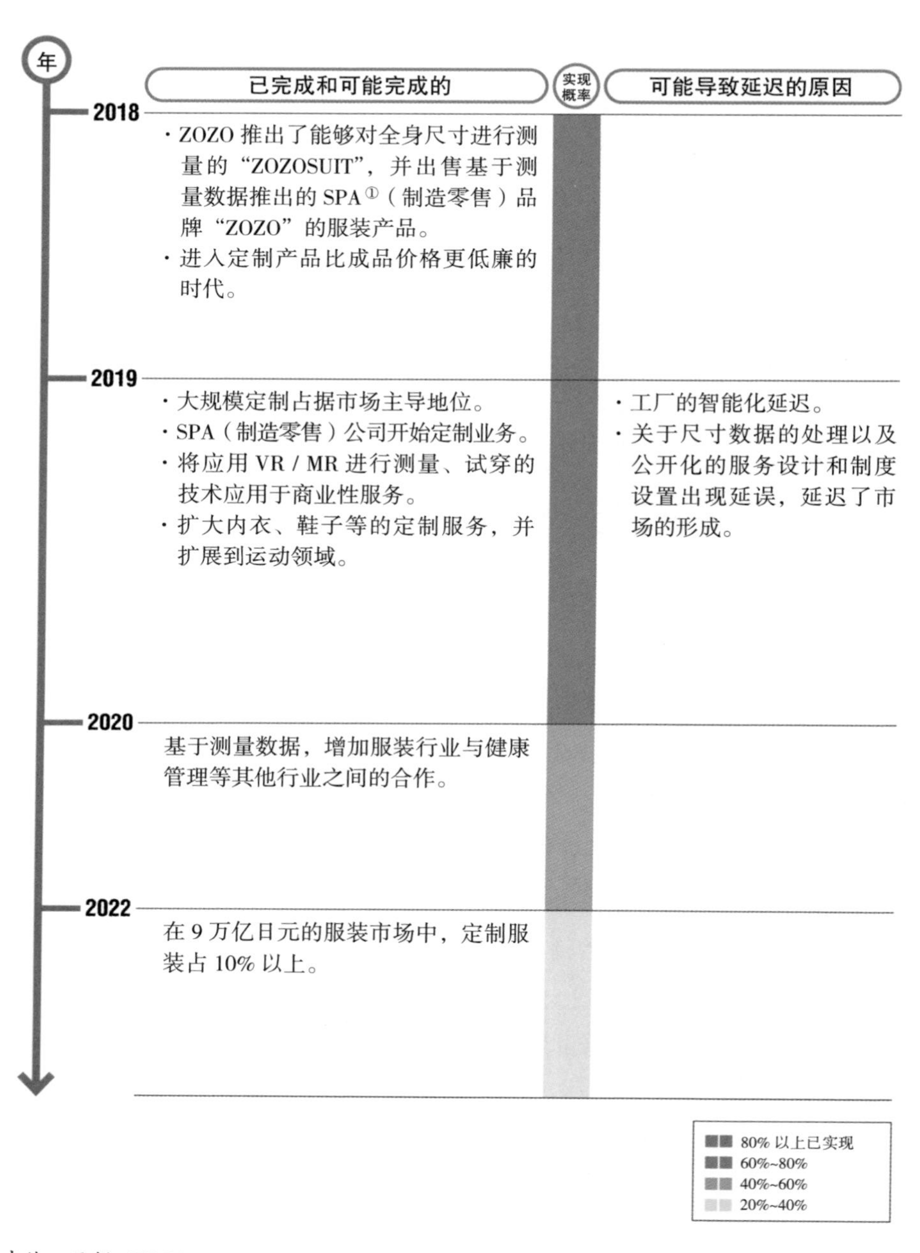

出处：日经×TECH

图 4–35　服装行业的 IT 应用未来年表

① SPA 自有品牌专业零售商经营模式（Specialty retailer of Private label Apparel），是一种从商品策划、制造到零售都整合起来的垂直整合型销售形式。（译者注）

作为自有品牌的第一款产品，该公司发布了T恤和牛仔裤。通过使用新西兰风险投资公司 Stretch Sense 的技术，免费提供只需穿戴便可获得全身15000处数据的工具，再依据这些数据进行服装生产。

此外，在测量个人的尺寸后，只需生产该顾客所需要的件数，因此，ZOZO既没有库存，也没有打折尾货，更不需要商店了。每年，有超过720万人在ZOZOTOWN购买商品，为了找到适合自己的尺寸，"试穿"便成了人们到店的动机。当然，除了尺寸，通过试穿还可以确定颜色、图案以及款型是否适合自己，但由于ZOZO只提供基本的服装，因此试穿的必要性变得非常低。就裤子而言，因为不再需要裁剪多余的长度，亦可以减少布料的浪费了。

出处：ZOZO

图 4-36　能够测量体型的第一代"ZOZOSUIT"

虽然是量身定制，但ZOZO也无须在接到订单后再根据每个人的情况制作适合的纸样。"就牛仔裤而言，我们已经拥有数千 SKU[①]（库存量单位）

① SKU=Stock Keeping Unit

的纸型了”（前泽友作社长），从数千 SKU 的纸型中选择适合的样式并立即进行生产，大约在两周内就可以完成交付。T 恤的价格是 1200 日元起，牛仔裤的价格是 3800 日元起。考虑到优衣库牛仔裤的价格是在 2990 到 3990 日元之间，因此在价格上还是具有竞争力的。

不只是在日本，相关业务预计也会在美国和德国开展。掌握世界各地人们的尺寸，当其越来越多时，整个数据就成了业务发展的有力工具。

该公司的新业务从一开始就遇到了挫折，本应在 2017 年 11 月进行发放的第一代 ZOZOSUIT 因为需要改进，而最终无法上市，截至 2018 年 3 月其损失达 40 亿日元。改良的第二代 ZOZOSUIT 于 2018 年 4 月开始发放，到 7 月 3 日为止，已经完成了 55.3 万件的发放。

ZOZOSUIT 的成本约为 1000 日元，如果免费发放 100 万件，其成本约为 10 亿日元。即便如此，如果可以得到每个客户的体型数据，那仍然是一笔物有所值的买卖。该公司还宣布将向全球 72 个国家免费发放 10 万件 ZOZOSUIT。

通过已有的消费者体型数据，还可以与健康管理领域的公司合作，将数据应用于健康服务。ZOZO 着眼于获得体型数据“之后”的发展，成立了 ZOZO Technologies，该公司 2017 年收购了 Vasily 公司，Vasily 的金山裕树是主要业务负责人。他们着手于各个行业的研究，不仅应用数据进行机器学习研究，还扩展到纺织和医疗领域，并招募合作伙伴。

2018 年 7 月 3 日，ZOZO 宣布将在自有品牌中加入男装，这次也是使用 ZOZOSUIT，销售定制男装。最开始的优惠销售价格是商务套装和西服衬衫共计 2.48 万日元。虽然是定制生产，但从预定到配送只需一到两周。男装在服装中是对尺寸要求比较高的一类，可以说这是一个可以发挥自动量身优势的市场。

在随后 7 月 31 日的决算发布会上，前泽友作社长表示，将在鞋子和内衣领域开展同样的业务。在内衣领域，胸罩尤其引起关注。“在女性的内心深处，是非常想要尺寸合适的胸罩的，但是在百货商店，陌生的售货员近距离测量尺寸会带来很大的不适感”（大型内衣制造企业管理人员）。就女性而言，不仅是年龄，怀孕和分娩等也很容易引起尺码变化。如果可以轻松地测量出正确的尺寸，那么不论何时都可以买到合适的内衣。

摄影：染原睦美

出处：ZOZOSUIT

图 4–37　男装记者发布会上的 ZOZOSUIT

因为市场对内衣还原到“尺寸世界”抱有很大期待，所以 ZOZO 发布的信息对内衣生产商而言，可以说是久旱逢甘霖。原本胸罩就应该在测量的基础上，通过细致的尺寸分布来选择产品，但迅销公司却将 S、M、L 尺寸带进了胸罩世界，并席卷了全球。

要使用 ZOZOSUIT 进行测量的话，要提前准备好智能手机，并预先安装好 ZOZOTOWN 的 APP。测量很简单，但要根据智能手机 APP 的指示，首先检查是否正确穿戴了 ZOZOSUIT。其穿法是固定的，即将双手的拇指从衣服里伸出来，并露出脚趾和脚跟。ZOZOSUIT 分为上衣和裤子两部分，先穿裤子，再穿上衣。

摄影：染原睦美

图 4–38　不拘泥于 S、M、L 等固定的尺码

接下来，将智能手机放在一个专用的纸质架上，被摄影人站在距离手机大约 2 米的位置上，双臂微张，双脚与肩同宽，并保持姿势。智能手机的相机对全身进行 360 度拍摄，拍摄次数为 12 次，这些数据会被发送给 ZOZO。

尽管该公司在陆续推出新的举措，但其市场化的过程中，还是遇到了不少困难。2018 年 8 月底，商务套装和西服衬衫未能及时生产出来，不得不通知顾客发货日期将推迟一个月左右。到了 9 月底，因产品质量问题，一些顾客的服装被再次延迟发货。而那些已经发出的订货，其尺寸是否合适，也可能存在问题，因为有意见认为测量的精度还是有所欠缺的。虽然前泽社长表示"在只使用 ZOZOSUIT 很难进行测量的情况下，通过机器学习对数据进行补充"，但是，如果补充完的数据精度没有提高的话，那么量身定制将会失去吸引力。在女性内衣方面，大型内衣企业的管理人员称，"如果没有大量的数据作支撑，即便能够做出与各种商店和休闲服装店相同水准的产品，但是想要超过他们却非常困难"。除了尺寸，女性独特的体形数据也是十分必要的。

产品的种类会达到何种程度目前也暂不明朗，柳泽孝旨副社长兼 CFO 表示"产品种类可以达到与优衣库相当的程度"，但其中有多少服装，其尺寸是被消费者认为特别重要的呢？

尽管如此，由于ZOZO发放了测量体形的ZOZOSUIT，服装行业今后必须重新考虑服装的尺寸和试穿等问题了。

迅销公司于2017年7月将办公地点迁至东京有明，并统合了物流基地和办公地点，其理由就是为了“改变制衣方式”，并且还宣布截止到2019年，将基本实现“消费者喜欢的产品将在七天内完成制作，三天内完成交付”。

事实上，迅销公司已经通过优衣库开始提供类似定制的服务，顾客在店铺测量尺寸，然后将尺寸输入网络，即可购买适合的服装。柳井正社长还表示，希望实现“从店铺到制造工厂的直接订货”，显然是将大规模定制纳入了发展视野。

· 3D 人体测量仪

订购适合自己体形的服装和鞋子

如今,商店的试穿也从单纯的“试穿”,逐渐向“了解”顾客的身体发展。

ASICS于2017年9月在东京原宿开设的旗舰店里，安装了3D人体测量仪，顾客可根据扫描结果选择适合自己体形的运动服。店内还安装了用于分析动态动作的设备，例如跑步时膝盖的弯曲情况和行走时脚踝的弯曲状态等。这种先测量跑步时的动态特征再选择鞋子的方式，在今后也可能应用于大规模定制中。

出处：ASICS

图4-39　ASICS使用的3D测量工具

也有专门用于脚部尺寸的测量仪器。瑞典的一家新兴公司颇尔蒙特尔的 3D 扫描仪在仅仅数秒内就可以测量出脚形、脚背的高度等大约十项数据，除了脚的大小，还可以分别测量出双脚的足弓等。获得数据后，再使用 AI 进行分析，然后就可选择适合脚的尺寸和特征的鞋了。将世界各地脚的尺寸和类型，以及世界各地销售的鞋的尺寸和特征作为数据存储起来，会便于消费者选择合适的鞋子。New Balance 已经在店面中开始应用这项技术。

通过消费者在网站上回答的简单问题，新兴企业 FITTIN 公司就可以根据答案用 AI 估算客户的身形，并从内衣制造商的产品库中选择最适合的胸罩，与此同时，该公司于 2017 年开始销售定制内衣。

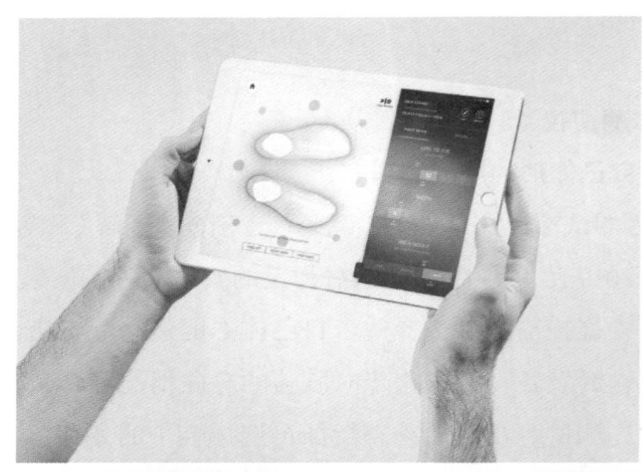

出处：颇尔蒙特尔

图 4-40　3D 脚形测量仪

· 折扣率预测系统

AI 建议合适的数值和时间

AI 还广泛应用于试穿以外的其他领域。TSI HOLDINGS 是一家大型服装公司，在 2018 年它使用 SENSY[①] 公司的 AI 进行了消费者需求预测，如预测产品的最终销售量、是否有必要进行再生产、是否会有尾货等。此外，对于何时打折，打多少折这一类问题，AI 通过计算折扣率和折扣时间，给出建议。

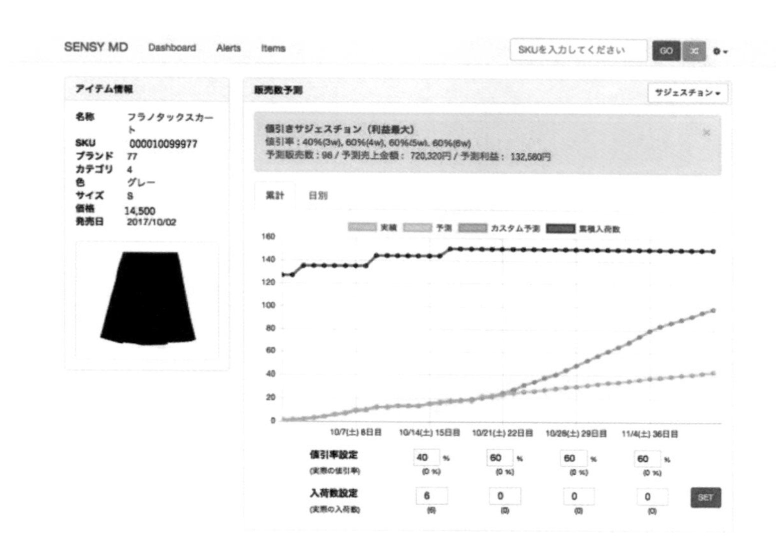

出处：SENSY

图 4–41　SENSY 公司的“SENSY MD”

如果可以准确地判断折扣率及其时间，那么就能够尽量减少尾货的产生。该技术从 2016 年开始试用，尽管还处在模拟阶段，但它具有将毛利提高几个百分点的潜力。

---

① SENSY（森斯）：比利时公司，是欧洲的传感器供应商之一。（译者注）

服装行业原本就是以存在大量尾货为前提进行定价的，历史上也曾出现过不断生产无用商品的时候。尽管在过去的二十年里，市场规模缩小了三分之一，但产量却增加了两倍，由此可知，传统的商业惯例并没有发生改变。因此，利用科技按订单进行生产，防止出现尾货，这样的行业需求是确实存在的。

保险

针对每个人的风险系数量身定制服务

原隆 日经×TECH、日经 FinTech

随着技术的发展，在保险行业，为每位客户量身定制产品的“个性化”服务也在不断发展。事实上，基于消费者的行为，分析每个人的爱好、偏好、兴趣，提供最佳商品和服务的技术被广泛应用于各行各业。

例如，2008 年左右开始在日本普及的 AdTech，它接受广告商的委托，在最佳的场所、最佳的时机向最佳的人选发送广告。在 EC（电子商务）世界该项技术的应用则历史更久一些。美国 Amazon.com 早期就开始根据消费者的浏览记录和购买记录，利用推荐引擎向消费者推荐合适的商品了。

个性化对于企业而言，促进了潜在顾客向顾客的转化，对个人而言，则提高了便利性，也就是说，该技术创造了一种“双赢”的关系。

但是，在某些情况下，个性化也会导致行业结构的破坏，人寿保险行业就是最好的例子。近年来由于基因分析技术的发展，个体的患病几率逐渐清晰起来，这是医学界的进步。但对于人寿保险行业而言，它却导致了行业结构的变化，其原因在于，人寿保险是依赖大量参保人缴纳的保险金，实现对一定概率的疾病及死亡的保障的。人寿保险是建立在“大数定律”（随着被保险人总数的增加，发生的概率就会接近一个定值）这一基础之上的，因此，如果通过个性化检查明确了每个人的发病概率，这就与“大数定律”发生了背离，保险行业的结构也就遭到了破坏。例如，只有癌症高发人群参保的癌症保险，作为保险商品就不成立了。

财产保险的行业结构也很有可能随着科技的发展发生巨变，其中经常被提及的，是自动驾驶技术的影响。一方面这一技术可能降低事故的风险，另一方面，却在判定赔偿责任归属等方面，引发了新的疑惑。此外，由于可以通过汽车上的传感器来掌握每个驾驶员的状态，因此保险的形式也会发生改变。

目前为止，“InsurTech”通过将保险与科技融合，促进了行业的创新，而得以不断迅猛发展；“FinTech”则通过将金融与科技融合促进了创新，并于2015年下半年开始逐渐在国内市场崛起，而在此之前，行业的引领者还一直是由于负利率导致业绩不断恶化的银行。

· 健康促进型保险

通过IoT掌握用户的健康行为习惯

住友生命保险于2018年7月24日开始销售健康促进型保险——“住友生命Vitality”，该保险根据客户为促进健康而做的努力，采用变动的收费机制。可以说该保险不仅能够抵御风险，而且能够降低风险。

为了明确日常活动与未来健康状况之间的关系，庞大的数据积累是十分必要的，因此，新险种的开发需要一定的时间。为此，住友生命保险与南非的Discovery公司建立了合作关系。Discovery在全球15个国家开展了一项具有20年历史的健康促进项目——“Vitality”，拥有约750万名客户。住友生命与其签订协议，获得Vitality在日本市场的独家销售权。

在住友生命Vitality中，当用户的行为有利于健康时，其行为会被换算成得分，再根据累计获得的分数将用户划分为“金”“银”“铜”“蓝”四个级别。与住友生命Vitality签订合同时，第一年的保险费用为正常费用的85%，但从第二年起，费用就会发生变化。“金”级别用户的费用会在第一年的基础上再减少2%，“银”级别用户的费用则会减少1%，“铜”级别用户的费用不变，但“蓝”级别用户的费用会增加2%。

获得分数的途径有四个：一、对饮食和压力情况进行检测的“在线检查”。二、获得健康诊断的“ Vitality健康诊所”检查。三、提交癌症检查和疫苗接种证明的“预防”举措。四、获取每日运动数据的“运动”检查。

运动时要佩戴终端设备，它可以测量使用者的步数和心率数据，数据传送后就可以获得分数。例如，如果是64岁以下的用户，步行超过1.2万步，那么就可以获得 60 分。关于终端设备，可以使用美国的 Apple、Fit Bit、芬兰的诺基亚等。

在过去，合同签订后，保险公司是很难掌握用户的健康情况的，但是现在，通过使用 IoT 和相应的激励措施，保险公司就可以随时掌握被保险人的健康状况了。

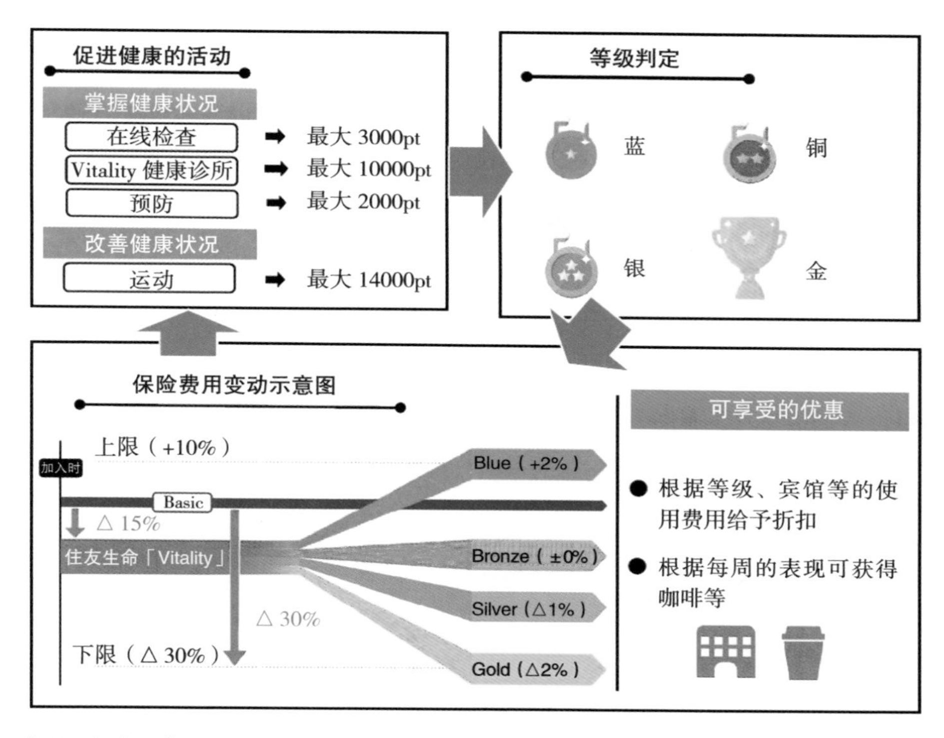

出处：住友人寿保险

图 4–42　住友生命 Vitality 的项目概要

· 住院概率、住院天数的预测评估模型

通过 AI 扩大保险承保范围

还有一些保险公司通过分析医疗领域的大数据，扩大了人寿保险的承保标准，日本第一生命保险公司是其中之一。过去，由于自身健康状况而无法参保的人，或者需要一定的附加条件才能参保的人，近一年里，约有 1.2

万人在无特别附加条件的情况下参加了保险。虽然，在其他公司，也存在附加条件的情况，即让难以加入保险的客户在一定的附加条件下参保，但是让他们与健康状况良好的客户以相同的条件参保，还是十分罕见的。

日本第一生命保险公司之所以可以这样做，是因为使用了 AI 技术，它通过利用与日立制作所共同开发的研究成果，改进了承保标准。其中一个案例，就是使用日立的 AI 技术开发了一款评估模型，该模型可以预测八种主要生活习惯疾病导致的住院概率和住院天数。通过该模型的使用，可以发现，与健康状况良好的人相比，患有高血压的人在住院概率和天数上并没有显著的差异。基于这一结果，日本第一生命保险公司修改了承保标准，这意味着，一个月内有超过三百人能够重新加入保险。

自 2017 年 9 月起，日本第一生命保险公司与日立共同开展了第二轮基础研究。这次研究，以个体健康状况的变化和生活习惯的改变等为观察焦点，进行分析，目标在于促进承保标准的更加科学、合理的制订。例如，参保时血压为 150 的人和血压为 80 的人，即使当下的血压均为 100，他们将来的发病概率也有可能是不同的。目前的现状是，保险行业一般仅是通过参保时的健康情况进行评估的。

· 安全驾驶支援服务

根据驾驶员的分数给予保险费用优惠

财产保险行业也开始使用 AI 和 IoT，努力改变现有的行业定位。

隶属于 SOMPO Holdings 的日本兴亚财产保险公司着手进行的安全驾驶支援服务就是其中的一个例子。该公司于 2018 年 1 月开始，根据驾驶诊断结果，提供了降低汽车保险费用的服务。“Portable Smiling Road”是一款具有驾驶诊断、事故通知以及汽车导航功能的智能手机 APP，根据在该 APP 上的得分，日本兴亚财产保险公司最高可提供 20% 的费用折扣服务。

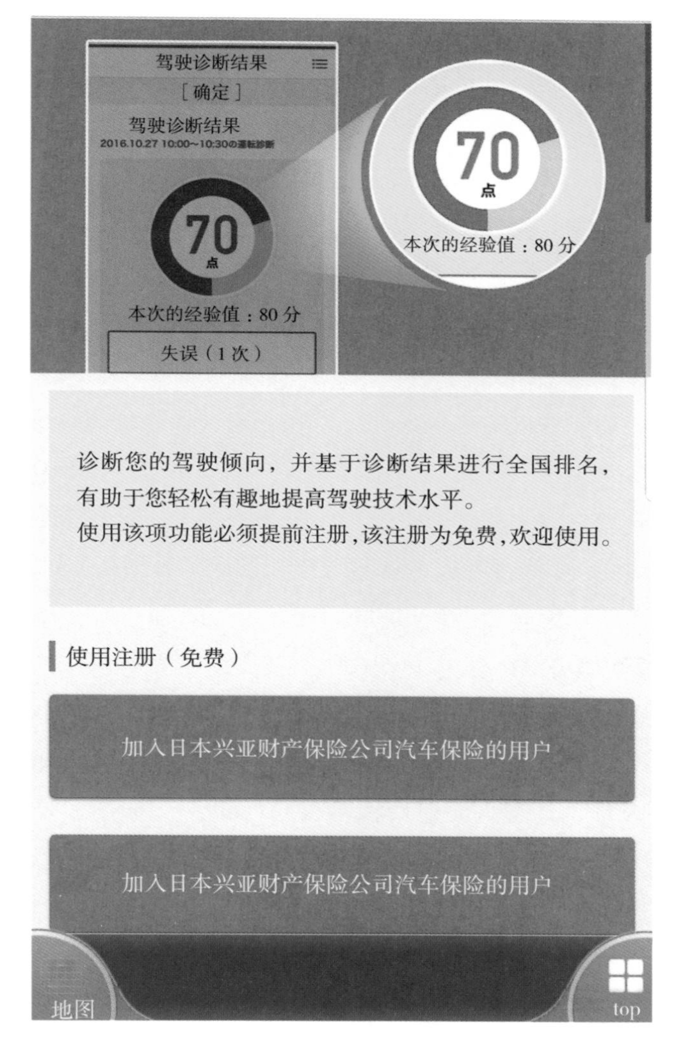

出处：日本兴亚财产保险公司

图 4–43　日本兴亚财产保险公司开发的“Portable Smiling Road”的界面

该折扣服务主要是针对初次参加汽车保险的驾驶员。安全驾驶指数高的驾驶员，其保险费用会降低，这不仅鼓励了人们的安全驾驶，也容易获得用户的认可。迄今为止，首次购买汽车保险时，保险费用的等级都是相同的，原则上保险费用也是统一的，因此，折扣服务对首次购买人而言，具有一定的吸引力。

Portable Smiling Road 最初是针对法人的安全驾驶支援服务，如今开始服务于个人，即使不是日本兴亚财产保险公司的顾客，也可以使用。该APP于2016年1月开始使用，截至2017年12月，下载量已达到20万次，在一年内翻了将近一番。

Portable Smiling Road 使用智能手机的各种传感器，计算“加速器”“制动器”“驾驶技术”等项目的分数。为了获得折扣，需要有5天以上且不低于10小时的驾驶结果得分。

针对没有智能手机的老年人，日本兴亚财产保险公司也推出了安全驾驶支援服务。2018年1月起，“DRIVING！”开始以每月850日元的价格出租行车记录仪。除了在车间距过小时发出警报外，在事故发生时它还具有自动报警功能，事故发生时的视频也会被传送到日本兴亚财产保险公司。

· 事故预防服务

可穿戴设备赶走瞌睡

为了实现事故预防服务，日本兴亚财产保险公司在不断地进行相关研发。2017年8月，日本兴亚财产保险公司与第一交通产业公司和埃森哲（Accenture）公司合作，开始将研发聚焦在驾驶员的身体信息和事故之间的相关性的分析上。他们通过在出租车上安装行车记录仪收集行驶数据，通过分配给驾驶员的手表型可穿戴设备收集心率数据，同时，使用深度学习等分析这些数据。

分析结果显示，从心率和驾驶员的行为变化是可以发现驾驶员瞌睡的端倪的，如果能够提高准确性，那么就可以在驾驶员有睡意前发出警报，从而有效防止事故的发生。

日本兴亚财产保险公司已经具备了提供事故预防服务的基础。2017年6月，SOMPO Holdings 与 NTT 东日本公司合作建立了“Edge AI Center”，目的在于实时分析各子公司收集到的数据。通过边缘计算抑制网络延迟，实现实时分析大数据，并将其与行动相关联。为了实现实时分析驾驶员的身体信息，并提供警报服务，即时数据分析是必不可少的。

利用Edge AI Center实现的服务如今已经投入了实际使用。2017年8月，日本兴亚财产保险公司开始提供“轻松预算”服务，通过用平板设备的相机自动识别机动车保险标志和机动车检验合格标志，并将其发送到保险费用计算系统中去。该服务是基于深度学习的图像识别技术实现的，不仅提高了代理机构和营业机构办理业务的效率，而且缩短了估算价格所需的时间，从而提高了客户满意度。AI 的学习和图像识别处理在 Edge AI Center 进行。

正如我们所看到的，保险业的未来存在不确定因素，也正因为此，行业已经迅速展开了对高新技术的应用。通过 AI 对大数据的分析，得出的概率精度已经大大超过了已往，承保对象范围得到扩大，工作效率得到提高，成本得以降低。

此外，为了能够定期了解顾客的情况，而不仅仅是加入保险时的情况，IoT 也正在广泛应用于保险行业。有些时候，消费者会出现拒绝提供数据的情况，但如果将数据信息与保险产品费用相关联，并提供与数据等价回报的话，就会促使消费者自发地提供数据。

第 5 章

由 AR/VR/ 数字艺术构成的交叉科技

生活

选择中意的形态和方式交流

东将大 日经×TECH

用数字空间再现近似现实情景的是VR（虚拟现实）技术，将数字信息嵌入现实世界的技术是AR（增强现实）技术。近年来，这两种科技引发了新型交流方式的产生，也正在给我们的生活带来巨大的变化。

虽然VR和AR技术在其他产业界的应用在不断扩展，但是在其基本产业——游戏行业等方面的消费推广，却进行得并不顺利，现阶段，处于再次在相关消费者中寻找出路的时期。

目前，在使用VR技术的交流中，能够在数字空间中，与身处远方的人进行交流的“社交VR”非常受欢迎。人们在数字空间中创造出自己的“数码化身”，并以此与他人进行交流。

社交VR兴起的一个重要原因，是因为美国奥库路思VR（Oculus VR）研发出了头戴式可视设备Oculus Go，其价格低于之前产品的一半，也不需要连接昂贵的电脑，于是个人也变得能够轻松使用了。当更多的人拥有自己的专属VR头戴式可视设备时，它就进入了现实生活实用性阶段。

比起VR技术，给生活带来更大影响的还是AR技术。为什么这么说呢？这是因为人是生活在现实世界中的，是以现实世界为中心进行生产生活的。在AR技术中，声音AR具有现实意义，“可听终端”的无线立体声耳机的诞生，使连接电脑的语音助手可以用声音向人们传达信息。

进而，与GPS、图像识别等技术的结合可以使语音助手的AI功能得到进一步加强，声音的AR作为“声音代理人”，在交流过程中可以扮演中间人的角色。虽然展示数字图像的智能眼镜目前还难以普及，但是比起图像，声音的活用更易先行推广。

在现实世界的交流中，“远程呈现”能够缩短物理距离，通过远程操控机器人，可以免去人们出行之苦。这个技术以前一直用于学术研究，现在开始了向实用化的发展。

除了机器人技术的发展，实现远程操作时需要的其他器械也已经成品化，例如使机器人视觉画面立体化的 VR 头戴式可视设备（HDM）已经存在，这一切使得量产型机器人的制造成为可能。此外，无须具体的移动，人们的生活范围也可以扩大很多，城市规划和社会建设也产生了新的可能性。

远程呈现

通过远程操控机器人到商店，与店员交流，确认商品，商品的触感会传输给远程操纵的用户。

语音助手

在进行日常工作的同时，戴在耳朵上的终端能语音提示下一项工作，还可以完成秘书的工作，调整与相关方的预约时间。

数字分身

利用 VR 头戴式可视设备（HDM），在假想空间中创造出三维计算机图形（3DCG）作为分身，就可以和其他用户一边聊天一边玩桌游。

出处：远程呈现图片 Telexistence，语音助手图片 Sony Mobile Communications

图 5–1　VR/AR 改变生活

·数字分身

让分身活动起来

数字分身是用户利用动作捕捉技术，自由操作其动作的专属分身。主要是利用 3DCG 做成的立体数据，其形状或模仿人，或模仿动物，还有可能是再现机械之类的无机物等。用户创造出自己喜欢的分身，对其进行操控，而且可能赋予分身其他人格。

虚拟 YouTuber（VTuber）[1] 是将动画网站作为活动平台的新生事物，它的出现，使得数字分身也备受关注。VTuber 是以 3D 或者 2D 创作出来的角色登场的，如果观众使用 VR 装备的话，在动画播放时，会有宛如与 VTuber 在数码空间里相遇的感觉。

正是因为栩栩如生，VTuber 才能够抓住观众的心。VTuber 大多数是使用动作捕捉机器直接展示人类的动作，而不是使用事先制作好的动画，所以其动作能够栩栩如生，并且与人进行实时互动。

有的 VTuber 在创造时很重视角色设定，并尽可能按照其设定真实再现。操纵分身的人有时被称为“里面的人”或者“魂魄”，但是一般看不到他们的身影，如此一来，制造者和 VTuber 就可能以不同面貌示人。

一直以来，我们在社交网络服务（SNS）上都可以自由设定被称为“头像”的平面图像，用户可以对头像进行装饰，更改衣着，但是并不能让头像动起来。

随着数码技术的进步，“改变喜欢的形象”和“自己控制形象”成为可能，于是用户也就有动力逐渐扩大数字分身的使用了。此外，能够让用户制作喜欢形象的 3DCG 工具开始陆续免费，也使动作捕捉设备变得既便宜又便利。

Pixiv 的“VRoid Studio”和 IVR 的 V-Katsu 都是可以免费使用的软件，也可用于商用。只要调整发型、外貌和体型的参数就可以对游戏角色进行创作，非常实用。

IVR 提供免费的角色设计应用软件，目的在于让每一个日本人都拥有自己专属的数字分身，实现进入“一亿总分身时代”的目标。

DWANGO（公司）提倡将“VRM”作为人型数字分身文件的输出格式，

---

① “虚拟 YouTuber”中文也译作虚拟偶像。（译者注）

上述两个软件都采取了这一格式，因此在一个软件上创造的分身，也就可以用于其他 VRM 对应的软件。

Pixiv 的 VRoid studio

IVR 的 Vkatus

出处：Pixiv、IVR

图 5–2　免费的分身制作软件陆续登场

过去，制作三维计算机图形（3DCG）需要三维建模（3D 建模）和纯熟的技术，想要做出用户喜欢的形象，需要花费高昂的费用和大量的工夫。为了让人感觉栩栩如生，动作捕捉设备也必不可少，可以捕捉全身动作的动作捕捉设备尤为重要。如果使用台湾 HTC 生产的 VR 头戴式可视设备（HDM）“Vive”和配套设备“Vive Tracker”，来进行全身动作捕捉的话，大概花费只有十万日元左右。在此之前，动作捕捉需要大型摄像场所，动作捕捉设备动辄也需要花费数百万日元。

在捕捉全身动作时，为了使分身从头到脚都能像真人一样行动，交流时的身体姿势、目光等语言之外的“非语言交流”就非常重要。今天，这方面的技术也突现了突破，例如，由 VRChat 公司研发，在数字空间里使用 VR 应用“VRChat”进行虚拟角色的交流，即使是与语言不通的海外用户，也可通过身体语言和手势来沟通了。

可隐身交流

数字分身主要用于网络交流。即使素未谋面，也能够识别对方，就算不愿公开身份，也可以使用分身站在舞台之上。

在 DWANGO 关于使用 VR 交流服务和动作捕捉的发布会上，该服务的开发者，动作捕捉运营公司的董事山口直树 CVO（最佳虚拟理想化技术主管）以“缪缪”的数字分身登场，对该业务和服务进行了说明，甚至还以此形象参加了现实的照片拍摄。

今天，不仅仅是个人开始使用数字分身，企业也开始在宣传活动中将数字分身作为吉祥物来使用，其中有一些借用了现有的动画和游戏形象。GREE（游戏公司）向本公司的 VTuber 项目投资百亿日元，并且已经开始了直播工具的提供，而这一消息正是由该公司的 VTUber 来宣布的。

无论对于个人还是企业，数字分身已经成为可以自由操纵的分身，能够不被现实中的躯壳束缚，在数码空间里获得新的身体性能。

如今，可以随意试穿衣服的 VR 购物，在数码空间的远程会议系统，以及虚拟展览等 VR 和数码空间的组合等，各种可能性都在日益增加。10 年前曾经热议的数字城市，人们曾梦想的、自己的分身可以身处其中的“第二人生”，或许会在不久的将来变成现实。

金发少女缪缪

摄影：东将大

图 5-3　主持记者会的数字分身

· **语音助手**

促进声音 AR 发展的“声音代理人”

智能手机的出现，使得原本在电脑上使用的声音处理功能，得以在手机上使用，变得越来越亲民起来。由于声音处理功能可以朗读文本，所以像苹果公司的 SIRI 和谷歌公司的谷歌助手（Google Assistant）也有提供语音帮助的功能。在这里我们将更加专业化的语音助手称之为语音代理。

例如，美国谷歌的 Google Duplex 可以代为电话预约美容院和饭店，在该公司提供的演示中，语音助理宛如人类，对话过程中会时而语塞，时而随声附和，甚至在时间不合适时调整预约时间。

语音代理的交谈对象不仅限于人类，语音代理彼此之间也能够进行交流。如果每个人都用自己的语音代理，那么人和人之间的交流就可能被替换。如为了调整日程，需要反复联络的时候，或者是进行纷争仲裁的时候，与人交流较麻烦的部分，就可以由语音代理代为处理。

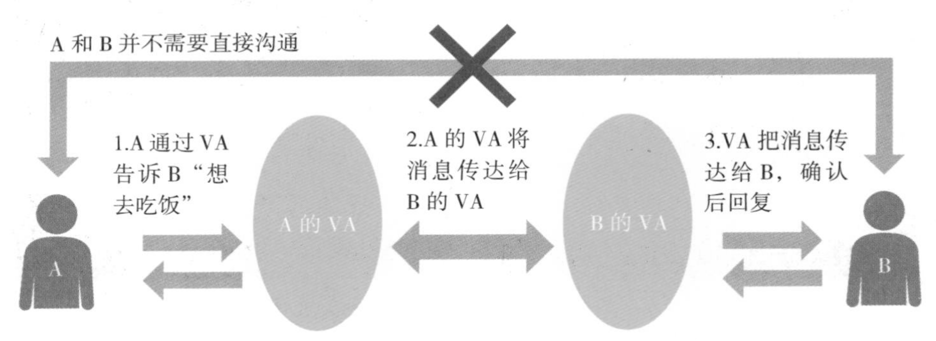

4. B 如果同意去吃饭的话，VA 会根据 A 和 B 事先确定的行程自动进行调整。

VA: 声音代理人

出处：日经×TECH

图 5–4　声音代理如何代替人进行交流

如果事先录入个人的兴趣爱好，那么语音代理的利用范围会进一步拓广。例如，受邀吃饭的时候，仅仅传达是否参加，语音代理甚至就会自动帮你选择饭店；告诉语音代理你的兴趣爱好，它也有可能会把与你兴趣相投的朋友名单列出来；如果用户设定自己喜欢的数字分身，那么自己专用的“秘书”就可视了。

至今为止的AR技术都需要适用于智能手机或智能眼镜，其基于影像的视觉扩张引起了人们的关注。但是，由于智能眼镜价格非常昂贵，实现普及还为时尚早，手持式终端的“声音AR”更贴近我们的生活，如索尼生产的“Xperia Ear Duo”耳机，戴上它也能听到周围的声音，此类产品的商品化已经实现。

·远程呈现（Tel-existence）

机器人遥控向实用化发展

不仅限于数字空间，在现实生活中，远程交流也出现了新的形式。远程呈现是指用户通过操纵机器人与远处的人或物进行交流的技术。机器人眼睛上搭载着两个摄像头用于拍摄视频，用户在用VR头戴式可视设备（HDM）观看视频的同时，还可以通过专用的控制器对机器人进行操作。

KDDI[①]和Telexistence[②]共同开发了远距离操控机器人MODELH，并在东京港区的竹芝码头对远在小笠原诸岛的机器人进行操控，向观众展示了一场远程观光活动。由于机器人能够将触感和温度反馈给操作方，因此操作方可以获得更加真实的感觉。

利用这项技术，我们就不必在意生病、年龄大行动不便、没有时间等困难，去“想去，却不了”的地方观光。虽然之前也有人利用360度全景影像和VR头戴式可视设备（HDM），提供了类似观光的服务，但是如果能够操纵在当地的机器人进行观光的话，应该能够大大增加身临其境的感觉。

---

① KDDI：日本电信运营商。（译者注）

② Telexistence：由KDDI投资的日本科技公司。（译者注）

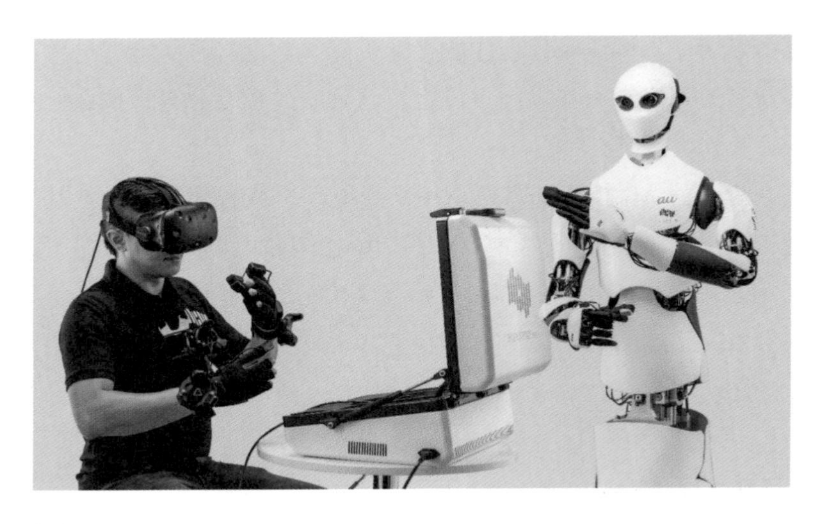

出处：KDDI

图 5–5　远程控制机器人 MODELH

目前实验处于实证阶段，据说远程控制时的通信延迟暂时不会带来太大的不舒服感。如果说有什么不舒服的话，机器人的头部活动比操纵者的头部活动迟缓一些，这一点有待改进。如果今后 5G 通信投入使用，通信延迟会降低，那么和当地人进行实时交流时，机器人迅速回避障碍等实时处理都会成为可能。

像这样的远程呈现机器人遥控技术，可以在灾害救助现场等危险地带大显身手，在自主机器人无法工作，需要手动操作或人工操作的情况下用处最大。

KDDI 认为在已经导入了自律型机器人的仓库和物流过程中，远程呈现也可以利用。例如，在自律型机器人由于错误而引起动作失常的情况下，使用远程呈现远程操作机器人，操作人即便身处其他地方，也可以处理异常情况。如果能够进行远程操控，那么一个操作员操控不同地方放置的数台机器人就成为可能，而我们的远期目标，就是在地球上远程操控宇宙中的机器人。

医疗

康复与手术导航的应用

神近博三 日经×TECH

AR 和 VR 在医疗领域的应用正在日益扩大。市场调查公司 SEED PLANING 在其调查报告《VR/AR/MR 在医疗领域的市场前景》（2017 年 7 月发表）中预测，在医疗应用领域，到 2012 年，VR、AR 以及二者的结合 MR 的日本国内市场规模将达到约 153 亿日元，到 2026 年将达到约 342 亿日元。在海外，美国市场调查公司 Grand View Research 也预计，2025 年面向医疗保健的 AR/VR 北美市场约成长到 51 亿美元（约 5560 亿日元）。

· 利用 VR 的运动康复治疗仪

定量把握恢复状态，制订切实可行计划

由 mediVR 公司研发的“利用虚拟现实技术（VR）和人工智能技术的 Dual Task 型运动康复治疗仪”入选了“Japan Healthcare Business Contest 2018”，并获最优秀奖，而该公司的主要业务就是利用 VR 等技术进行医疗器械及系统开发的。“Japan Healthcare Business Contest ”则是日本经济产业省为了发掘、培养下一代医疗保健产业的领军者，从 2016 年开始每年举办行业竞赛大会，2018 年 1 月召开的是第三届竞赛。

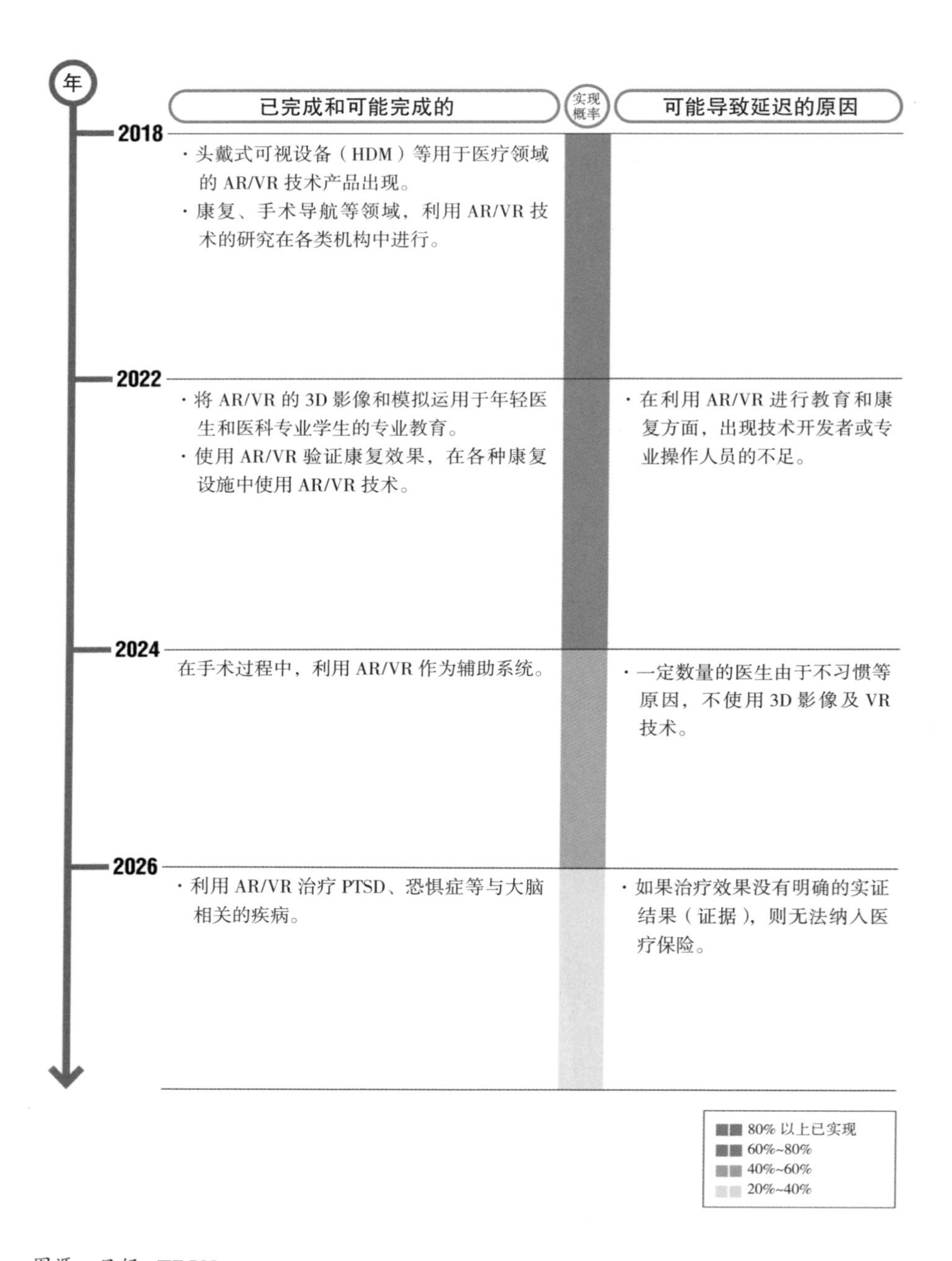

图源：日经×TECH

图 5-6　AR/VR 医疗未来年表

mediVR 与大阪大学、国立循环器病研究中心共同为脑中风和神经变性疾病患者开发了康复计划，此项开发就使用了此次获奖的康复治疗仪。在康复训练中，患者需佩戴 HDM（头戴式可视设备），在 VR 空间中将拿着专用控制器的手伸向目标物。如果理疗师想让患者将手伸到 30 厘米处，那么在 VR 空间里将目标物显示在距患者 30 厘米处就可以了。

康复治疗仪会对 VR 空间中目标物的位置和患者的实际动作进行比较，测量患者的双手可移动范围、身体和重心的偏差。理疗师则会根据测量结果，对患者的身体控制机能恢复状态进行定量判断，制订适宜的康复计划。这个康复治疗仪使用的目的，在于消除原本依赖理疗师主观判断的部分，在更大程度上提高康复治疗水平。目前，该治疗仪正处于评价健全人的试用阶段，预计在 2018 年内开始为患者提供康复服务。

出处：mediVR

图 5-7　使用 mediVR 的治疗仪进行康复训练

· 利用 VR/AR/MR 辅助手术

立体展示血管、肌肉、脏器的内部影像

虽然 mediVR 的治疗仪是以康复为目的研发的，但是在医疗领域，VR 和 AR 的应用也在进一步扩大。例如，2018 年 1 月，英国帝国理工学院（Imperial College London）表示该大学研究团队在对因交通事故受损的下肢进行重建手术时，使用了美国微软（Microsoft）研发的全息头戴式显示器 HoloLens[①]。

主刀医生通过 HoloLens，可以将下肢的血管、骨骼、肌肉等影像与实际的下肢重叠，从而使手术更加安全。

在日本，HoloEyes[②] 公司提供的云服务“HoloEyesVR”能将 CT、磁核共振等医学图像转换为多边形（polygon）[③],并提供将图像以三维（3D）的形式通过头戴式可视设备（HMD）显示。以三维（3D）形式呈现的影像比草图或笔记更直观易懂，并且可以 360 度旋转，医生可以从任意方向自由观察，即使一般从表面无法看到脏器内部，也能够通过 3D 清晰地展示出来。

HoloEyesVR 备受期待的一个用途就是用于腹腔镜手术辅助。腹腔镜手术远比开腔手术难度更大，需要主刀医生一边看着监视器上腹腔镜（内窥镜的一种）的影像，一边进行手术。但是单靠平面的 2D 图像，很难通过光的强弱来判断脏器和患处的深度，将 HoloEyesVR 的 3D 影像投射在患者上方，能够帮助医生把握脏器和患病部位的立体感。如果把应该切除的肿瘤的位置信息等记录在 3D 影像上，那么 3D 影像就能成为手术的导航系统。

---

① 微软研发的全息计算机设备，能让用户与数字内容交互，并与周围真实环境中的全息影像互动。（译者注）

② 日本公司，主要业务是借由 CT 扫描图像，建立患者的器官 VR 模型，让医生能够更直接、更清楚地进行分析和讨论。（译者注）

③ 在 CG 或游戏内用于显示立体物品的三角形或四角形。通过将立体物品转化为多个多边形集合数据，可以将各个视角看到的物体形状以 3D 图像的形式显示。（译者注）

像 HoloEyesVR 这样的 VR 空间的 3D 影像还能活用于其他医疗相关领域，如手术计划或信息共享的资料，年轻医生和医学专业学生手术练习，向患者详尽说明治疗方案以获得治疗同意的知情说明等。

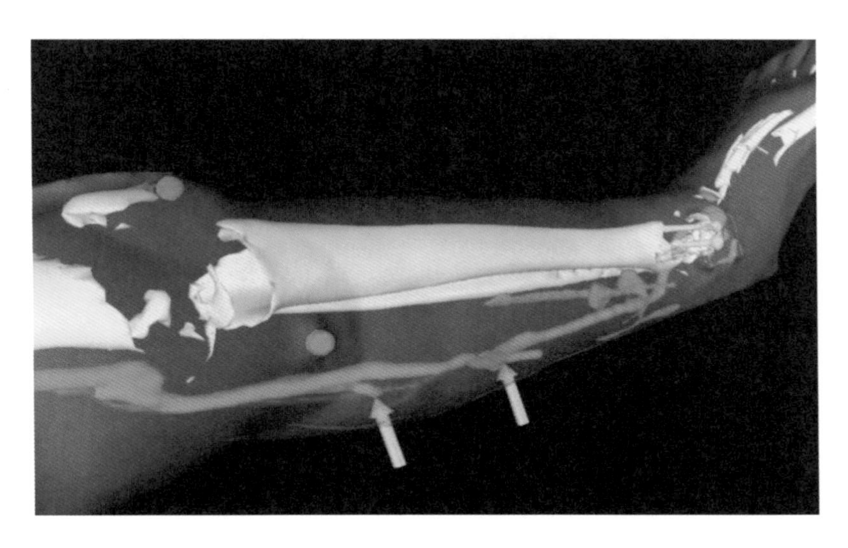

出处：英国帝国理工学院（Imperial College London）

图 5–8　主治医师通过 HoloLens 看到的下肢

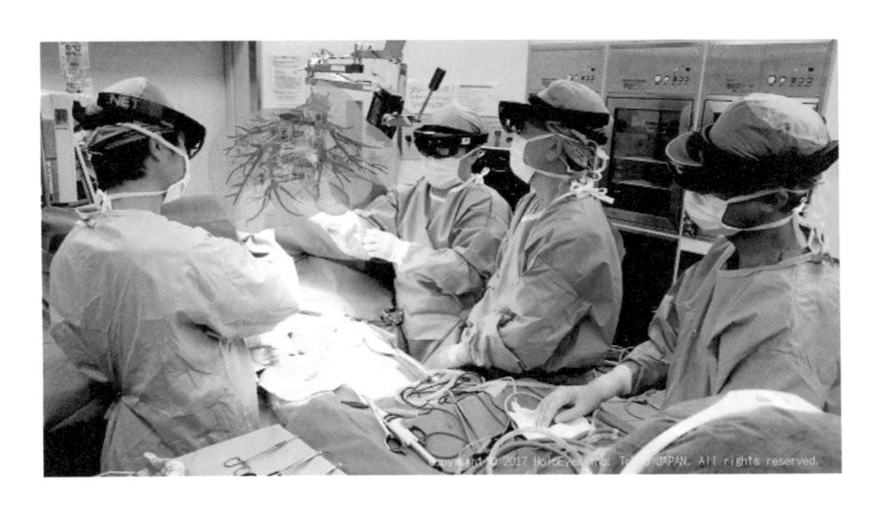

出处：HoloEyes

图 5–9　手术中医生通过 HoloEyesVR 在参看病患处的 3D 影像

· 通过 VR 体验类似疾病症状

理解患者“看世界的方式”

为了能够从认知症和感觉统合失调症患者的角度出发，为他们提供便利的公共设施，创造宜居的社会环境，健全人需要理解这些疾病，然而，仅通过教室和书籍的学习，很难对患者的烦恼感同身受。

因此，开发和经营老年人住宅的 Silver Wood 公司便开发了再现认知症患者视界的“VR 认知症程序”，该产品利用头戴式可视设备（HDM）中的 VR 影像，重现在空间认知上存在问题的认知症患者“眼中的世界”，使健全者有机会体验类似症状。例如，从汽车的后座下车是一种非常普通的日常行为，但是对于空间认识能力下降的认知症患者而言，会产生像从楼顶跳下的感觉。VR 认知症程序正是基于认知症患者的实际体验和专家的理论研究，在头戴式可视设备（HDM）的 3D 空间中再现认知症患者的症状。

美国强生公司旗下的杨森（Janssen）制药公司也通过疾患启发网站“心理导航”提供“虚拟”体验，模拟感觉统合失调症引起的幻觉感受。“虚拟”原本是二维 CG 动画，但是使用纸箱制的 VR 查看器，能够提高用户的全方位感受。这一开发是该公司的医疗信息负责人（MR）访问医疗机构时，为了加深医疗从业者对疾病的理解而使用的。

出处：Silver Wood

图 5–10　空间认知能力低下的认知症患者从汽车后座下来时的空间感受

· 利用 VR 治疗幻肢痛

通过训练减轻幻觉的肢体疼痛

VR 的影像带来的适度幻觉也开始被应用在恐惧症和 PTSD（创伤后应激障碍）等与大脑相关疾病的治疗中。东京大学医学部附属医院缓和看护诊疗部麻醉科－疼痛中心、东京大学研究生院情报理工学系研究科、畿央大学神经康复研究中心、KIDs 公司及非营利组织（NPO）Mission Arm Japan 等组织都在致力于此类幻肢痛的治疗。

所谓幻肢痛，是指对于已经丧失的或者神经已经断裂的手脚，患者却依然感觉到疼痛的症状。根据东京大学医学部附属医院麻醉科－疼痛中心的研究显示，对于不存在的幻肢或者已经丧失了活动功能的肢体，越是觉得可以操控它，病人的疼痛感就会越弱。因此，让患者戴上头戴式可视设备（HDM），在 VR 空间中反复体验幻肢的运动，就能够形成活动幻肢的固定印象。

例如，如果是失去了右手的患者，就用红外线相机拍摄其左手的运动，再将视频反转，在 VR 空间里实时展示三维影像，于是，在 VR 空间里患者在活动左手的同时就能够感受到右手也在运动。在治疗过程中，医生会让患者反复抓取显示在 VR 空间里的球体，或者完成画八字的任务。

原本，幻肢痛是使用镜子来进行治疗的，即患者通过镜子观察健康手脚的活动，让患者看反转的影像，使患者产生幻肢在运动的错觉。VR 的使用使治疗更具互动性，从而提高了患者的浸入感。为了抑制复发，需要进行几个月左右的持续治疗，在接受治疗的患者中，有 40%~50% 的患者确实感觉到了效果。目前，这种治疗方法还处于临床研究阶段，将来的目标是使其纳入医疗保险诊治内容。

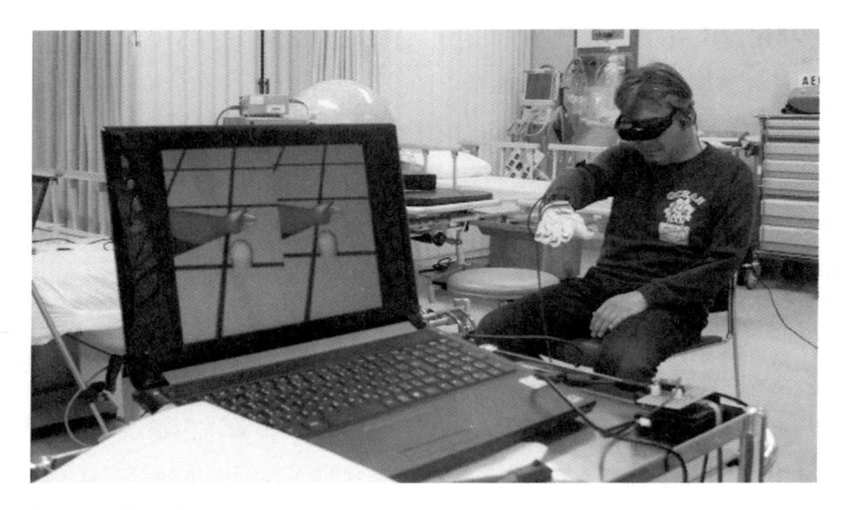

出处：东京大学医学部附属医院

图 5-11　使用 VR 治疗幻肢痛

· 利用沉浸式 VR 改善空间认知

挑战脑中风患者的“半侧空间忽视”

早稻田大学创造理工学部综合机械工学科和理工学术院综合研究所理工学研究所共同尝试利用 VR（虚拟现实）来改善脑中风患者的“半侧空间忽视”症状。所谓的半侧空间忽视是指患者无法对脑部损伤相反方向的空间做出反应，大多数脑中风患者都会被类似的症状困扰，如“肩膀会经常撞到障碍物”“只能看到印刷品的一半内容”等。

使用头戴式可视设备（HDM）的浸入型 VR 程序，逐渐遮挡“没有被忽视的一侧（如果是左半侧空间被忽视，那么右侧就会被遮住）”，逐渐扩大“被忽视的一侧（如果是左半侧空间被忽视，那么左侧就会被扩大）”的可视范围。当患者将注意力转向对象物时，会无意识地执行“解放”“移动”“固定”这三个过程，医生通过 VR 程序转移患者的可视范围，积极促进“解放”“移动”“固定”过程的训练。

迄今为止，研究小组开发了在可触及范围内改善空间认识的平板末端，以及用于改善远处空间认识的系统。沉浸式 VR 程序可以切换远近两个系统，从而实现了接近现实世界的空间识别。HDM 使用的是美国奥库路思 VR（Oculus VR）研发的“Oculus Rift”，由美国厉动（Leap Motion）研发，携带运动传感器的“Leap Motion”。Leap Motion 能识别被实验者的手的动作，使其动作和 VR 空间里的影像同步，执行触摸 VR 空间内的目标物等任务。

建筑 / 城市

领先一步、展望未来

山本惠久 日经×TECH、日经建筑

用现有的科技和知识，目前是无法呈现未来世界的，艺术却可能领先一步呈现出来，这正是艺术的作用之一，也因此，在今天，数字科技艺术正在逐渐与建筑、城市领域产生交叉合作。

“我想向大家展现一个只有通过多媒体艺术才能表现的愿景，并希望通过努力使它成为现实。”Rhizomatiks 的代表董事斋藤精一这样表示，Rhizomatiks 是一家运用数字技术制作各类广告、宣传项目和新媒体艺术作品的创意公司。

真锅大度作为 Rhizomatiks 的共同创始人，参与过里约奥运会闭幕式和电音组合 Perfume 演唱会的技术合作。正是该公司创造的契机，使新媒体艺术的魅力得以被广大的观众认知。

2016 年，Rhizomatiks 在迎来创立十周年之际，设立了“调研”“建筑”“设计”三个部门，并开始将业务扩展至建筑领域。建筑领域的工作由曾在东京理工大学和哥伦比亚大学学习建筑的董事代表斋藤精一负责。2018 年 4 月，该公司的新类别艺术品“Power of Scale”参加了在六本木新城的森美术馆举办的十五周年纪念展——“建筑之日本展：遗传基因的继承”。在展览会上，“Power of Scale”使用影像和激光纤维展示了各种各样的建筑物，参观者有机会在展馆里体验了同尺寸大小的各类建筑物。

之所以将历史建筑和平时不能进入的建筑物作为作品的一部分展示出来，是因为“虽然建筑是景色、季节、光、气候，以及人类生活的综合产物，但多数人却已经开始忘却了。在东京大规模城市开发的背景下，我们这次的展览，旨在通过参观者的实际体验，再次唤起‘人类对规模尺度的认知能力’”。

摄影：山本惠久

图 5-12 新类别艺术空间“Power of Scale”

· 利用数字艺术完善建筑

办公室和店铺里的常设展示

建筑本来就秉持着以艺术和科技为基础的理念，近年来，数字艺术和多媒体艺术与建筑领域的合作越来越多，两者的关系日益密切。

2014 年，Lucent Design 的代表董事松尾高弘应三菱地所的委托，为位于大阪中央区淀屋桥的东京海上日动大厦制作了大门的装饰 “White Rain Chandelier”，该作品通过控制 LED 表现 “雨滴”，兼具照明和公共艺术功能，目前依然在使用。

松尾表示：“在商店等日常活动场所，常设新类别艺术空间的案例在快速增加，这其中，全息投影认知度的提高起了很大的作用，激光光源投影仪等影像设备的兴起和发展也与此息息相关。”

下面就来介绍几个建筑和数字艺术相结合的案例。由 Rhizomatiks 创作的新类别艺术空间—— “Axyz” 被放置在 2017 年 4 月开业的复合式商场 “涉谷 Cast”，一时间成为话题。在商场通道旁设置了 18 台大大小小的显示器和立体声音响系统，创造出行人与空间对话的情景。影像和声音会随着时间、天气、太阳能电池发电量等状况的变化而产生变化。

2012 年，毕业于九州艺术工科大学研究生院的松尾创办了 Lucent Design，至今为止，创作了形式多样的作品，包括编程在内的系统设计也由他本人负责。松尾致力于促进新技术与艺术的融合，例如，他积极说服制造商在正式推出商品之前，作为测试，先在展示空间中展示商品。此外，Lucent Design 很早就开始致力于常设作品的设计，2014 年到 2017 年，为 “SHISEIDO THE GINZA” 设计了店内电梯用影像新类别艺术空间—— “Porte-Lumiere”，2017 年，为东京 Campanella 银座总店设计了 “Airy Chord”。

建筑：三菱地所设计

摄影：NAKASA AND PARTNERS

图 5-13　White Rain Chandelier（淀屋桥东京海上日动大厦）

建筑：日本设计·大成建设 JV

出处：Rhizomatiks

图 5-14　Azyz（涉谷 Cast）

室内装饰：Klein Dytham Architects

出处：LUCENT

图 5-15　Porte—Lumiere（SHISEIDO THE GINZA 客梯）

室内装饰：桥本夕纪夫工作室

摄影：NAKASA　AND　PARTNERS

图 5-16　Air Chord（东京 CAMPANELLA 银座总店）

“艺术表达能力和技术能力等要素都已具备，目前，我们所处的阶段是，艺术表达和技术的结合在各个领域中不断发展，各类品牌持续出现。通过技术和艺术表达的各类组合和搭配，这些品牌变得更加流光溢彩，个性鲜明。在这个过程当中，也可能孕育出新的艺术表达空间。身处这样一个时代，身为创作者，我们的创作要符合时代的要求。”松尾这样表达自己的创作理念。

2017 年，WOW 迎来了公司成立 10 周年的纪念日，目前，这家公司在东京、仙台、伦敦都设有分部。WOW 是一家视觉艺术设计工作室，其业务分布广泛，包括广告影像，各种展示空间用的新艺术空间类别影像，以及与厂家共同开发用户界面等。在 2016 年开馆的地区交流中心——“函馆未来馆”里，WOW 与综合制作公司索尼 PCL、室内设计公司 TORAFU 建筑设计事务所等共同参与了创作，制作了宽 14 米、高 3 米的巨大 LED 展示——“Media Wall”。

在进入 21 世纪的第一个十年里，与绘画和雕塑相比，数字多媒体艺术与建筑相融合的创作内容是很难被表达出来的，即使在艺术的世界里，也是异类。究其原因，从事新艺术领域管理的 Creative cluster 公司的代表冈田智博解释说：“因为受到材料等的限制，多媒体艺术很难保证艺术市场追求的真实性与保值性，而且，画像处理等项目，都是需要科研费用支持的特殊领域。”

室内装饰：TORAFU 建筑设计事务

出处：索尼 PCL

图 5-17　函馆未来馆（KIRARISU 函馆）

在当时的条件下，精通艺术领域的建筑家尝试性地与多媒体艺术家合作，在取得建筑物所有人的许可之后，开始尝试利用公共空间作为展示场所，其中最引人瞩目的人物是东京大学的广濑通孝教授。2009 年，广濑教授和艺术家铃木康广分别作为项目负责人和艺术指导，在羽田机场的出发大厅举办了名为“空气之港——科技 × 在空气中感受新世界”的展览，其中一件作品名为“树荫屏幕”，它将旋转的螺旋桨作为屏幕，乘客在旁边的终端上登录自己的航班号，登机楼层就会用小鸟的动画表示出来。

摄影：山本惠久

图 5–18　在羽田机场举办的“空气之港”展中参展的数字公共艺术作品“树荫屏幕”

与照明设计和数字标牌相近的领域也出现了新的挑战，特别是控制 LED 发光模式的数字彩色照明的出现，为艺术家使用照明器具涉足建筑和公共空间创造了契机。

作为行业先驱者，COLOR KINETICS JAPAN 的品川育代表示：“因为艺术家希望‘创作能够流传的作品’，所以我们也欢迎建筑相关的设计委托。目前，此类设计的委托方越来越多的是大型事务所和开发商了。”

2013 年，拥有工程师、程序员、设计师、数学家等的 TeamLab[1] 在那霸市的百货商店，成功地建造了被称为“未来游乐园”的智育用游乐设施，这次建造成为了一个契机，它确立了数码艺术的独立商业地位。

2001 年，东京大学计数工学科毕业的猪子寿之创办了 TeamLab，通过这个平台，制造业的各类专家聚集在一起，在界限模糊的平面关系中持续着创作活动。除了面向企业的网页设计和系统建设之外，TeamLab 还从事新产品的商品化和包装化开发，业务涉及世界各地，公司规模目前约为五百人。

建筑家河田将吾在 TeamLab 创建初期就加入了团队，现在 TeamLab 拥有一支一级建筑师事务所——“Lab Architects”，其代表就是河田本人。这支团队，已经成为大型空间设置作品创作中不可或缺的一员。

摄影：Eric Valdenaire

图 5–19　2016 年，TeamLab 在法国巴黎“MAISON&OBJET”展上展出的作品“Forest of Resonating Lamps – One Stroke”

---

① TeamLab 是一家日本公司，通过团队创作探索艺术、科学、技术、设计，以及自然界的交汇点，团队由跨学界的“超级技术专家（ultratechnologists）”组成。（译者注）

MORI Building DIGITAL ART MUSEUM:EPSON teamLab Borderless 的展示作品
摄影：西田香织

图 5–20　为人们附身于岩石的瀑布”等多个作品相互融合、沟通。

·用数码艺术协助城市建设

在公共场所实现丰富的体验

这些新艺术代表人物的活动，不仅限于建筑，甚至连城市建设也进入了他们的创作视野。TeamLab Architects 的合作伙伴、拥有建筑设计事务所的滨田晶则表示："如果能通过数码控制城市中各种公共设施，那么无论是个体还是群体，每个人都可能享受到其功能。我希望这种想法可以有助于新型公共场所的建设，有助于丰富人们的城市体验。"

为了迎接新型公共空间的诞生，2018 年 4 月，TeamLab 和 TeamLab Architects 在中国的广东省深圳市共同参与了 300 万平方米的大规模城市开发项目——"CFuture City"。

此外，2018 年 6 月，面积达一万平方米的数字艺术博物馆"MORI Building DIGITAL ART MUSEUM : EPSON teamLabBorderless"，作为该公司在东京常设展示空间，已经在台场开业了。馆内设置了 470 台激光光源投影仪，通过 520 台电脑将无缝影像实时映射到全馆，感应器可以感知参观者的所处位置及移动路线，并随之变换影像，可谓是"IoT[①] 智能博物馆"。

① IoT：物联网。（译者注）

这样的设计应用到城市建设的日子应该指日可待了。

前述 Rhizomatiks 的齐藤代表在活动初期，就将城市定义为“有生命的”和“有意志的”。近年以来，一些大型开发商开始注意到了多媒体艺术的各项成果，并希望在城市开发项目上获得相关协助。但是，比起提供具体的演示方案，“我们需要从更本质的计划角度提出建言”，齐藤代表认为，为了克服引入新技术的壁垒，还需要“哲学”的思维。“城市智能化真正的益处在哪里呢？理解这一点的人很少，有半途而废的倾向”。

计划放置在 TeamLab 和 TeamLab Architects 参与开发的 CFuture City 内

出处：TeamLab

图 5-21 Crystal Forest Square

除了城市建设，在一些城市和观光地等公共场所，新体验的提供也开始出现，加拿大的 Moment Factory 就是一个例子。2001 年，Moment Factory 在加拿大蒙特利尔成立，逐渐发展成为多媒体娱乐工作室，目前在全世界的 6 个城市设有分部，其中包括 2017 年 5 月开设在东京的分部，工作室整体规模已达 300 多人。Moment Factory 因为担任了太阳马戏团（Cirque du Soleil）的整体艺术指导和麦当娜等著名艺术家演出的美术指导，而获得了广泛关注。该公司提出了“we do it in public”的口号，旨在向公共场所聚集的人们提供超越娱乐领域的新体验。

在日本，体验型多媒体“ISLAND LUMINA”于2018年4月开业，一时成为话题。长崎县为了振兴国立公园，扩大就业，对伊王岛的既有旅游设施进行了大规模改造，重新命名为“i+Land nagasaki”。在其中约2万平方米的森林区域，设置了一条长达1公里的路线，建成了能够体验以数码技术为基础的光影作品。

在加拿大有五个常设会场，日本的“LUMINA系列”新作品是首次在加拿大以外展出的作品

出处：Kato Pleasure Group

图5-22　ISLAND LUMINA

出处：Kato Pleasure Group

图5-23　ISLAND LUMINA

摄影：吉成大辅

与社会相连接

隈研吾　建筑师

木材的使用不仅能给建筑设计带来丰富的变化，更会影响到整个国土环境，因此其与环境保护紧密相关。通过建造建筑物，我们介入了环境系统。树木并不只是单纯的建筑材料，它更是一种连接社会系统的材料。也正因如此，我认为，木材会成为最重要的建筑材料。

第6章

自动驾驶与机器人的交叉科技

公共交通

可持续的最后一公里移动

神近博三 日经×TECH

（协助：冈田熏）

将自动驾驶技术应用于公共交通服务，是近些年来的一个新动向。经济产业省和国土交通省提出的目标是，2020 年起在公共交通服务上实现自动驾驶，并计划在石川县轮岛市、冲绳县北谷町、福井县永平寺町、茨城县日立市的公路上进行行驶实验。

实施公共交通自动化驾驶，目的在于降低运行成本，在各地提供可持续的公共交通服务，实现铁路和公共汽车等基础交通系统和居民住宅，或者医院等目的地之间的“最后一公里移动”。

对于财政基础薄弱的地方各级政府而言，以低成本维持面向老年人等交通弱者的公共交通服务，绝非易事，是迫切需要解决的课题。

2017 年 12 月，经济产业省和国土交通省已开始在石川县轮岛市的一般公路上进行无人车运行实验。实验用车以安装雅马哈发动机的高尔夫车为基础，由产业技术综合研究所（产总研）进行改良，配备了照相机和雷达等检测周围状况的传感器，相当于 SAE（美国汽车工程师学会 Society of Automotive Engineers）的自动驾驶规定“SAEJ3016”里 4 级的水平。在实验过程中，远程的实验者监视并操作实验车辆，让车辆以设置在车道上的电磁感应线信号为路标，在大约一公里的公路上，以最高时速 12 公里的速度行驶。沿途有十字路口和人行横道，为了保证安全，试验车辆后面有安保车跟随，但是没有对行人和一般车辆进行交通管制。通过实验，自动驾驶的功能会渐次强化，最终达到仅用少数的人力来远程监视 / 操作多台车辆的目的。

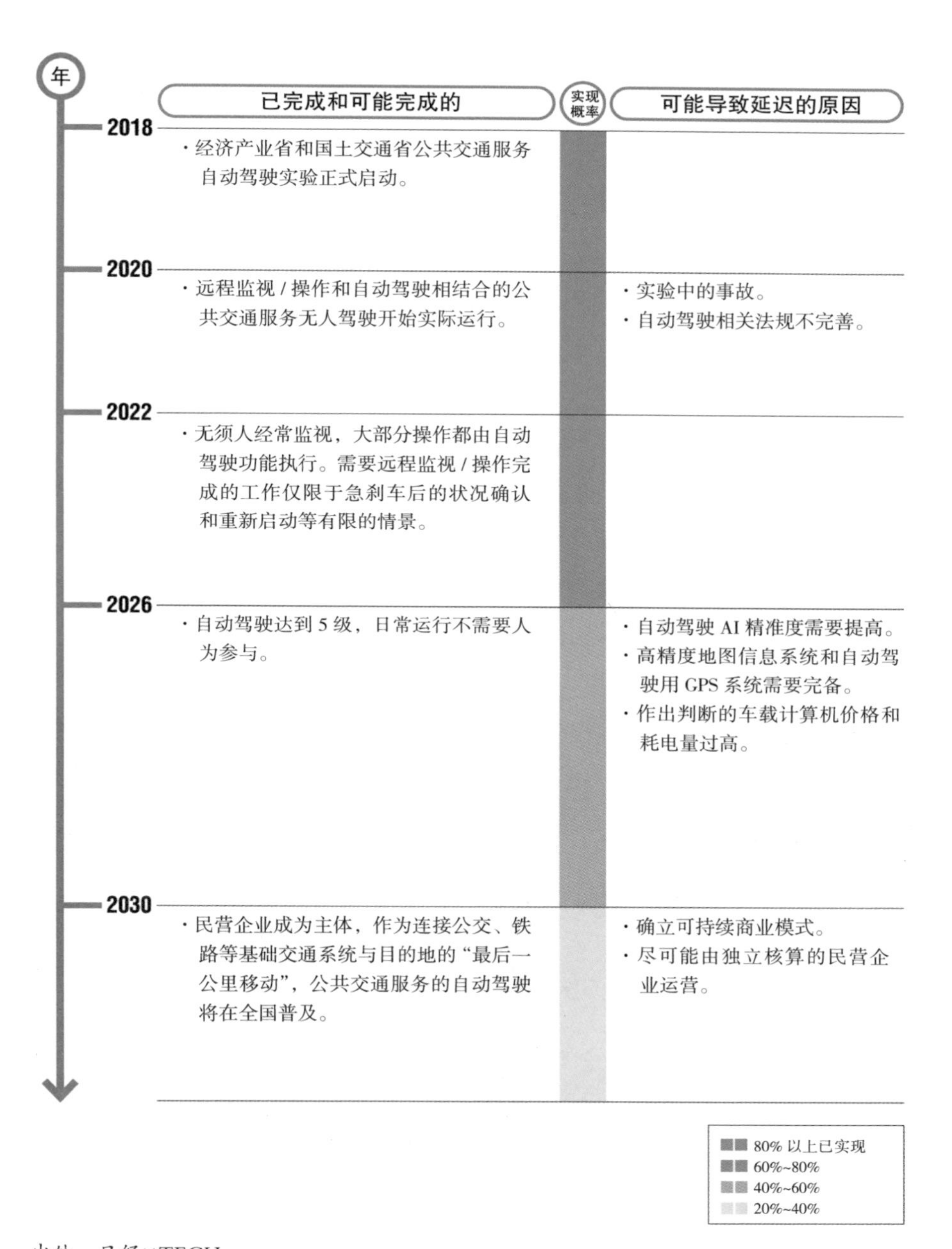

出处：日经×TECH

图 6–1　最后一公里移动未来年表

该实验由经济产业省及国土交通省委托，产总研承担操作，雅马哈发动机、日立制作所、庆应义塾大学 SFC 研究所、丰田通商等参与策划。

以内阁府和国土交通省为主体的“山部地区道路车站周边自动驾驶服务”的公路试验，也从 2017 年开始，顺次展开。实验的目的在于，在老龄化不断加剧的山部地区，以山间道路沿途车站为中心，构筑周边自动驾驶服务，维持人员和物品的正常流动。

自动驾驶的国际性研发

虽然，搭载了自动制动器、车道维持等先进驾驶支持系统（ADAS）的成品车已经大量出现，具备“在人类监视下，在高速公路上保持车距且在同一车道上行驶”这样条件的自动驾驶已经达到了实用水平，但是距离实现“完全自动驾驶”，人类还有很长的路要走。

出处：产业技术综合研究所

图 6-2　石川县轮岛市的公共交通服务自动驾驶试验车辆

表 6–1　公路公共交通服务的自动行驶实证项目

项目 / 主办单位	举办地	委托方
最后里程自动行驶的实证评估 / 经济产业省、国土交通省	冲绳县北谷町	产总研、雅马哈发动机等
	石川县轮岛市	
	福井县永平寺町	
	茨城县日立市	产总研、SB Drive 等
		实验合作者
山部地区道路车站周边自动驾驶服务 / 内阁、国土交通省	秋田县上小阿仁村	秋田县上小阿仁村、雅马哈发动机
	栃木县栃木市西方町	栃木县栃木市、DeNA 等
	滋贺县东近江市蓼畑町	滋贺县东近江市、先进 Mobility 等
	岛根县饭南町	岛根县饭南町、Eisan Technology 等
	熊本县芦北町	熊本县芦北町、雅马哈发动机等
	北海道大树町	北海道大树町、车辆制造商等
	山形县高畠町	山形县高畠町、车辆制造商等
	茨城县常陆太市	茨城县常陆太市、车辆制造商等
	富山県南砺市	富山县南砺市、车辆制造商等
	长野县伊那市	长野县伊那市、车辆制造商等
	冈山县新见市	冈山县新见市、车辆制造商等
	德岛县三好市	德岛县三好市、车辆制造商等
	福冈县三山市	福冈县三山市、车辆制造商等

出处：内阁官房《关于自动行驶官民协议会》

SAE 的自动驾驶分级标准“SAEJ3016”把自动驾驶水平分为六个级别，最低档的为 0 级的手动驾驶，最高级的 5 级是“在人类司机可以驾驶的所有条件下，自动执行所有的驾驶任务”。

德国宝马、美国福特、瑞典沃尔沃等欧美主要汽车制造商都表示，将在 2021 年左右实现 4 级自动驾驶汽车的量产。4 级是指即使系统向人类提出切换驾驶操作的请求，“人类也没有必要对汽车进行驾驶”。通常，具备 4 级以上功能的车辆被称为“完全自动驾驶车”。

在欧美，针对自动驾驶实用化的法律也在不断完善。2017 年 5 月，德国议会通过了道路交通法修正案，同年 6 月开始施行，修正案认可了以司机同乘为条件的 3 级“有条件自动化”的车辆在公路上行驶。2017

年 9 月，美国也通过了联邦法《Self Drive Act》，将一直以来以州为单位推进的自动驾驶法规改为国家统一规则，并放宽了对自动驾驶试验车上路的限制。

表 6-2 SAE 定义的自动驾驶级别

级别	定义
0 级	完全由人类驾驶者操控汽车。
1 级	车辆自动驾驶系统有时支援人类驾驶，执行一部分驾驶任务。
2 级	车辆自动驾驶系统可以进行部分驾驶任务，人类驾驶者需要对行驶环境进行监视，负责余下的驾驶任务。
3 级	车辆自动驾驶系统实施驾驶时，在一些情况下可监视行驶环境。人类驾驶者需要在系统提出要求时接替驾驶。
4 级	车辆自动驾驶系统在进行驾驶时，可监视行驶环境。虽然人类驾驶者不一定需要对所有系统请求做出应答，但是自动驾驶系统只能在某些特定环境、条件下运行。
5 级	在所有人类驾驶者可以应付的道路和环境下，均可以由自动驾驶系统自主完成驾驶操作。

出处：根据内阁官房 IT 综合战略室资料修正

日本的汽车制造商也计划在 2020 年之后的数年内，实现自动驾驶的实用化，因而在努力推进相关汽车的开发。丰田汽车日前宣布，“汽车专用道路入口至出口自动行驶”的 3 级自动驾驶技术将在 2020 年之前投入使用，并已于 2017 年 10 月开始，在首都高速公路进行了汇合、维持车道、变更车道等自动行驶的实验。日产汽车也从 2017 年 11 月开始，在东京都内的公路上开始进行自动驾驶技术“Pro Pilot”实验，在 2017 年 10 月的东京车展上，该公司综合研究所所长土井三浩表示，“争取在 2022 年前实现完全自动驾驶”。

从汽车制造商的发布来看，人类最晚也会在 21 世纪 20 年代的上半期实现完全自动驾驶。到了 20 年代后半期，没有司机的车辆在道路上行驶可能会成为理所当然的事情。

· 自动驾驶的深度学习网络

自动观察周围、判断状况

但是，完全自动驾驶并不是单靠汽车本体就能实现的，将车辆位置信息实时映射到道路状况的高精度地图系统，处理各种传感器信息的云计算机，以及汇合点所需的诸如车间通信（V2V[①]）和路车通信（V2I[②]）之类的基础设施，都是必不可少的。

云计算机的任务之一就是创建用于图像识别的深度学习网络，将汽车传感器获得的庞大图像数据输入云端学习服务器中进行学习，通过执行所谓的深度计划（深度学习），可以创建识别图像和判断状况的深度学习网络。

如果车载计算机使用该网络，则可以实时把握车辆周围的状况，做出正确的判断，并向汽车下达指令。例如，该网络会根据前方存在的物体进行判断，或是时速 4 千米横穿马路的行人，或是时速 50 千米接近的车辆，又或是完全不动的交通标识，继而根据判断决定下一步应采取的行动。

这样的自动驾驶技术是由各个汽车制造商和英伟达（NVIDIA）、英特尔（Intel）这样的半导体制造商合作进行开发的，例如，丰田汽车目前正在与英伟达（NVIDIA）合作，在美国子公司丰田研究所（Toyota Research Institute）开展研究。

产总研利用的远程监视评价系统

我们能否建立一个深度学习网络，对堵车和抢道等城市道路出现的各种状况做出正确判断呢？包括开发需要的时间在内，未知数还有很多。由

---

① V2V 通信技术：由福特公司于 2014 年 6 月发布，用于监测道路上行驶的其他车辆的速度、位置等。（译者注）

② V2I 技术：全称为汽车与基础设施通信，也叫作信号灯系统，是专为车载智能交通运输系统设立的通信频段。（译者注）

此看来，在固定区域内，按照规定路线行驶的公交车和出租车，最有可能首先实现完全自动驾驶。普通车辆需要在各种路况行驶，既有高速公路，也有城市的大街小巷，与之相比，只在特定地区或公路上的完全自动驾驶行驶，其门槛会低很多。

在石川县轮岛市的实验中，产总研为了检测行人和车辆，推测乘车者的状态，正在推进深度学习网络的技术检验。但是，如果要使用深度学习网络的话，车载电脑将面临价格昂贵、耗电量过大的问题。因此在目前的情况下，深度学习网络不会搭载在实验车辆上，而是计划通过远程监控系统进行评价。如果车载电脑的成本和耗电量的难题得到解决，将会考虑把其作为保证安全的技术，配备在汽车上。

· 动态地图

实时提供三维道路信息

为了提高自动驾驶技术，在自动驾驶中不可缺少的地图数据的开发中，由内阁府牵头，各家日本企业参与，于 2017 年 10 月开始，进行了三维地图数据验证和驾驶员集中度等相关数据收集等大规模实证试验。

备受关注的动态地图除了能实时传送道路的形状和构造物等三维数据外,还能传送交通堵塞和道路施工等信息。内阁府的战略性创新计划（SIP）确定了动态地图的性质,是要“作为国内汽车制造商通用的数据使用”的（内阁府的竹马真树政策调查员）。

为了召集各领域的领袖，加快动态地图为中心的自动驾驶系统的发展,政府不仅聚集了丰田汽车、日产汽车、本田汽车等大型汽车制造商,还聚集了名古屋大学和各类研究机构等共 21 家，参与到了开发中。此外，还引进了德国大众（Volkswagen）、德国博什（Bosch）等海外公司的参与。

出处：美 Waymo（图片）

图 6–3 自动驾驶实证实验日美行驶距离比较

在实证实验中，从常磐汽车道的谷田部出入口附近设置的专用路线，到新东名高速公路的清水交叉路口为止，约 300 千米的高速公路被指定为实验路线。如果让任意一家参与机构的实验车在实验路线上一天往返一次，那么一年的总行驶距离约为 21.9 万千米，相当于环绕地球 5 圈以上。如果参与实验的 21 家机构每天在实验用路线上往返一个半的来回，一年就可获得约 690 万千米的实验行驶距离。

最早开始收集自动驾驶三维地图数据的是谷歌公司。2016 年 12 月，谷歌成立了开发自动驾驶汽车的分公司——美国 Waymo。截止到 2017 年 11 月，Waymo 试验用车行驶了约 640 万千米，相当于绕地球大约 160 圈。即便如此，这还是与实现自动驾驶汽车的商业化相去甚远，因此，构建实用的三维地图数据需要大量的工作和验证。

物流

货车自动驾驶和无人机送货上门

大和田尚孝 日经×TECH、日经计算机

（协助：冈田薰）

日本的快递数量每天超过千万件，据国土交通省统计，2016年日本的快递中40亿件由货车运送，与上一年相比，增加了1亿件，2020年，预计将会达到45亿件。

随着快递服务的迅速普及和货物的增加，劳动力无法保证。2017年，大和运输公司缩小了配送时间段的指定范围，Seven&I·Holdings公司[①]通过电子商务网站“omni7”减少了配送时间段。

在这样的情况下，备受瞩目的就是运用自动驾驶技术，排成一列，在高速公路上行驶的货车队列了。货车队列是指前面的一辆货车由人类司机驾驶，其余的货车都是无人驾驶，跟在有人驾驶货车后面行驶。

为了实现货车队列行驶，由政府主导的开发和制度完善工作正在进行中，预计2020年，将在新东名高速公路实现货车队列行驶，最早在2022年，将实现货车队列行驶商业运营。

为了实现这一目标，大型通信公司和风险投资公司等都在致力于相关技术开发。2018年1月，软银（SoftBank）、华为·日本（华为技术日本株式会社）、从事自动驾驶技术开发的风险投资公司先进Mobility联合发表声明，开始进行货车队列行驶相关的实证实验。

---

① Seven&I·Holdings：是Seven Eleven Japan公司、Ito Yokado公司、Denny's Japan公司在2005年9月联合成立的新公司。（译者注）

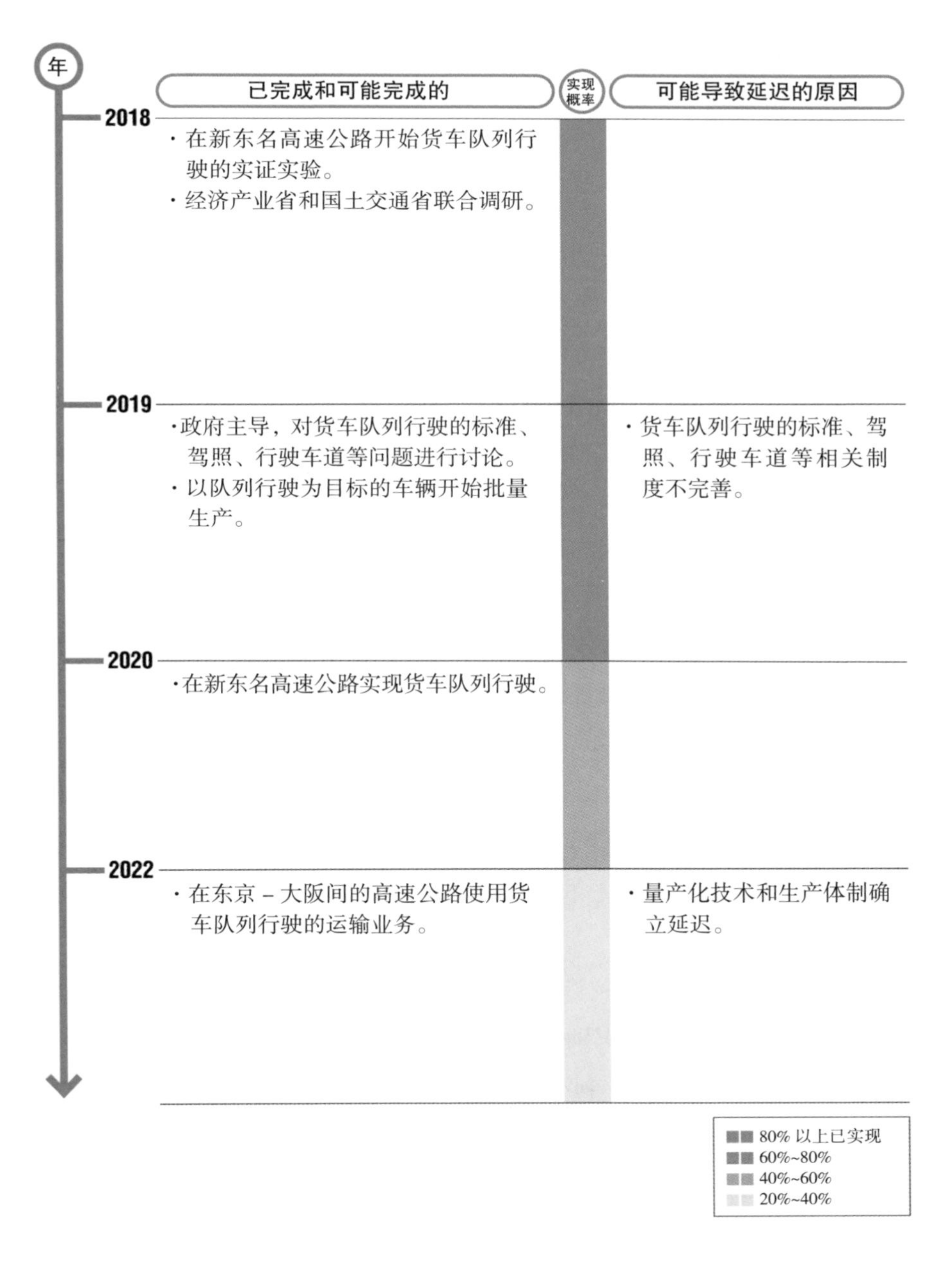

由政府主导，在新东名高速公路等主要高速公路进行实证实验进程

出处：日经×TECH

图 6–4　高速公路货车队列行驶未来年表

·货车队列行驶

前车司机驾驶，后队无人驾驶

两年后的2020年，在连接东京和名古屋的新东名高速公路上，三辆货车正在驶向名古屋。乍一看，是再普通不过的货车行驶队伍，但实际上，其中两辆是无人驾驶的，三辆货车使用的是自动驾驶的队列行驶。

队列行驶的方式是这样的，先头车辆由驾驶员驾驶，是人工驾驶。后面车辆不用配备驾驶员，搭载的自动驾驶系统会按照先头车辆的行驶路径行驶，后面车辆利用遥感器和摄像头，获取车辆间的通信系统信息，跟随前面车辆。

三辆车虽然没有进行物理上的连接，但前面车辆“电子牵引”着后面车辆。大型卡车中，会有全长超过十米的车辆，如果各辆车的车距在十米以上，那么，全长50米以上的、“像火车一样的卡车”就会行驶在高速公路上。如果能够实现队列行驶的话，一位司机就可以驾驶三辆卡车了。

先进Mobility公司的社长青木启二表示：“比起在一般道路上驾驶自动汽车，在高速公路上实现货车队列行驶要简单得多。”青木社长是在丰田汽车从事自动驾驶技术开发的技术人员，退休后于2014年创办了风险投资公司先进Mobility。

在一般道路上自动驾驶汽车需要“认知”“判断”“操作”三种技术，也就是说，首先“认知”识别周围驾驶环境，继而“判断”应该进行什么操作，然后“操作”方向盘、刹车等装置。据青木社长介绍，队列行驶中，“认知”和“判断”是由先头车辆的司机负责的，不需要开发，也不需要开发代替人类司机的AI，只需开发“操作”即可，这也就是青木社长所说的“简单得多”的理由。

要想后面车辆能够跟随前面车辆，需要依靠车辆间通信系统。为了配合前面车辆的加减速，保持不变车距，后面车辆必须装配跟踪前面车辆行动的技术，而前面的车辆如果不对后面车辆的驾驶环境进行观察，也不能改变车道。青木社长表示："我们不仅需要后视镜，还需要摄像头的影像传输系统。"即用摄像头拍摄后面车辆的驾驶环境，发送到前面车辆的显示器上。由于在图像传输时需要交换高分辨率的数据，因此5G在其中的应用备受期待。

青木社长还表示，队列行驶最大的难题是"如何为卡车发车和停放确保充足的空间"。队列行驶时，需要有足够的空间竖着停放三辆卡车的停车场。虽然也可以让前面车辆和后面两台车像"川"字一样，横向并排停放，出发时再纵向排成一列队伍，但是这种方法必须使后面两辆车移动到先头车辆的后面，这就需要"认知"或"判断"的技术。已有的高速公路服务区和停车场等，原本并没有考虑到这一点。如果在新东名高速公路上开展队列行驶，除了东京和名古屋之外，路程中还需要设置多个停车点。如此看来，实现卡车队列行驶的关键，是需要确保对停车场的投资。

图 6–5　三辆货车像火车一样虚拟地连在一起行驶

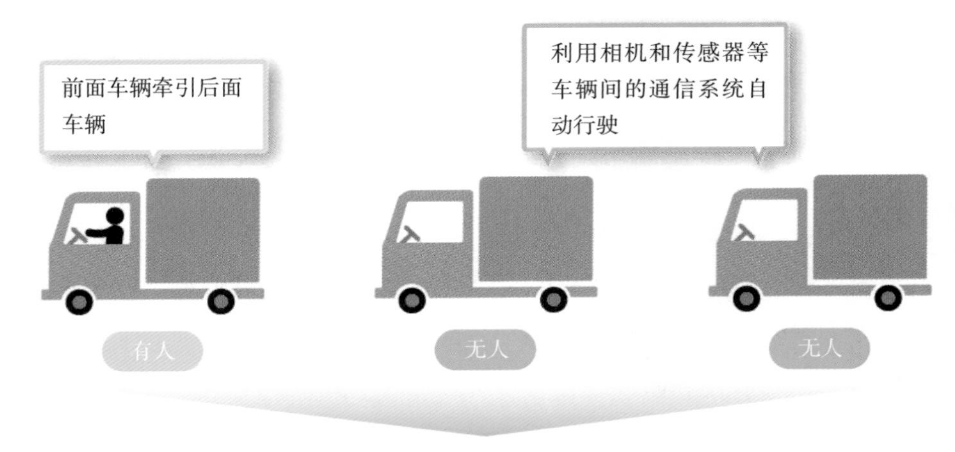

出处：先进 Mobility

图 6–6　先进 Mobility 进行的货车队列行驶实证实验

· 无人机送货上门

助力人口稀疏地区的购物

目前，利用无人机（小型无人机）进行配送的自动物流系统也在开发当中，无人机沿着事先计划好的航线飞行，将货物运送到目的地，环境的确认通过机上搭载的摄像头和感应器完成。无人机的货物配送，有利于散住在距离物流中心较远地方的居民，如居住在岛屿上或山区等地的顾客，人数少且分散。一般认为，自动驾驶和无人机快递有助于解决驾驶员不足的问题，但事实不仅如此，在人口稀疏地区，还可能有助于消除所谓的购物难民问题。

土木工程

未来的重型机械和工作车辆

浅野祐一 日经×TECH、日经 Home Bailder
（协助：大村拓也 山崎一邦）
高野敦 日经×TECH、日经电子

2018 年，日本政府对建筑业未来投资战略提出的目标是，到 2025 年，将建设工地的劳动生产率提高 20%。针对这一目标，国土交通省在土木工程领域出台了 i-Construction（建设工地的生产力革命）政策，旨在通过全面利用信息、通信技术（ICT）和规格的标准化等手段，来优化建设生产流程，提高生产效率。受此影响，部分建筑公司开始着手引进新型技术。

自动驾驶技术作为解决劳动力短缺和减少建设工地劳动力的对策，备受期待。大型建筑公司和重型机械制造商都希望利用 AI 和 IoT 实现自动驾驶，目前业已出现了使用自动驾驶的重型机械，有效提高了工程的效率。

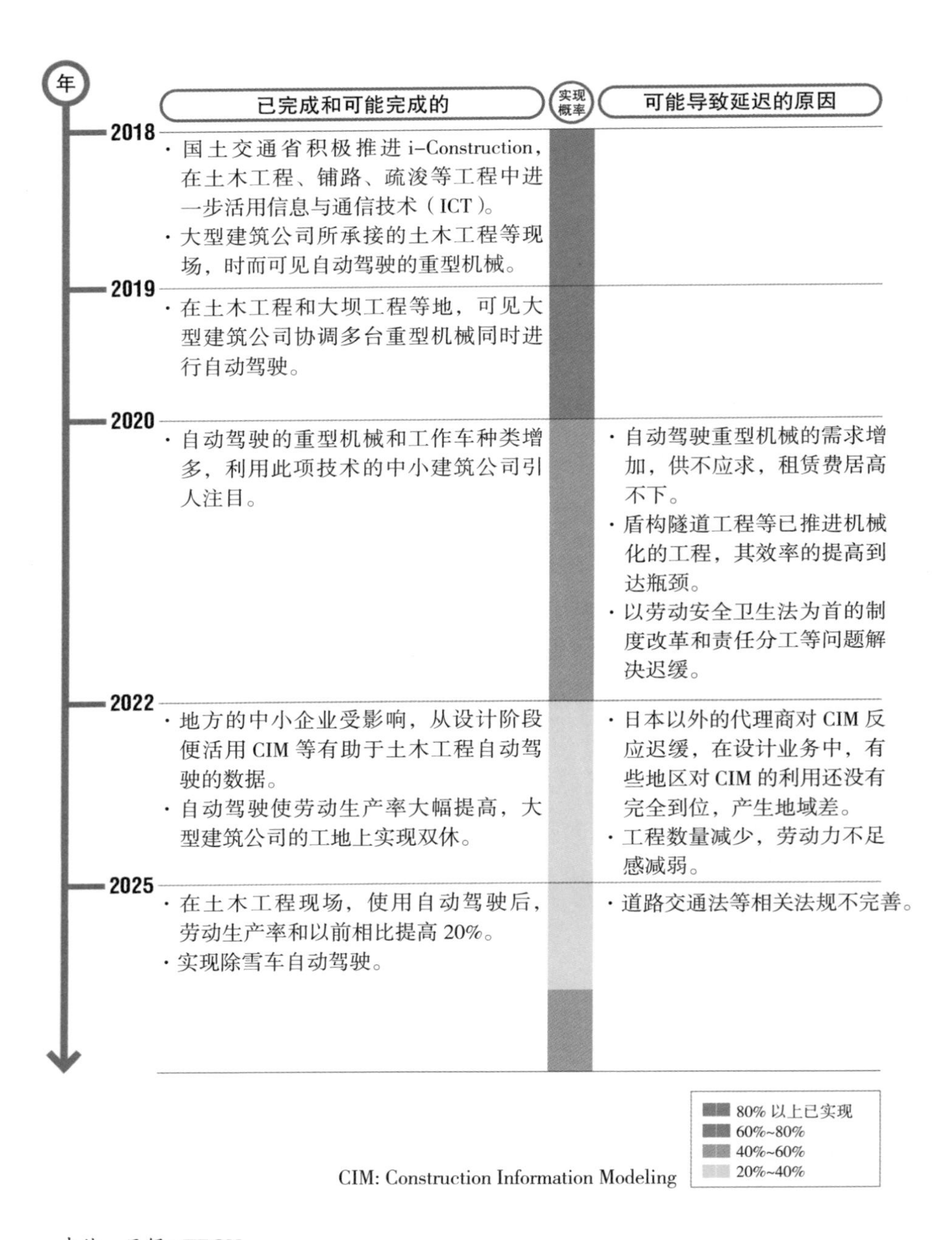

出处：日经×TECH

图 6-7　土木工程领域自动驾驶活用未来年表

·四倍加速器

分析重型机械操作，安装控制系统

鹿岛建设是率先着手进行重型机械自动化技术开发的公司，并将开发的技术命名为“四倍加速器（Quad Accelerator）”。福冈县的五山水库修建工程是实际运用范例工程，该工程由鹿岛建设公司、飞鸟建设、松本组JV共同联手合作完成，工程中使用的振动压路机和推土机等多部重型机械都是自主作业。

五山水库堤高102.5米，堤顶长556米，堤坝体积93.5万立方米，是一座重力式混凝土坝。2016年1月，完成了堤体混凝土的浇筑工作。

堤坝建造时，采用了巡航RCD（Roller Compacted Dam-Concrete）施工方法，该施工方法是通过自动化推土机把超干硬性混凝土逐层铺填碾压，形成混凝土坝。

有人操作的翻斗车将搬运的混凝土卸到推土机待机位置前，然后，无人自动推土机就会启动，用铲刀推着水泥前进一定距离，上下移动着铲刀，反复前进和后退，然后再回到原位，完成这项工作大约需要两分钟。

一旦推土机返回待机位置，等待的第二辆翻斗车会再次卸下混凝土。推土机进行与刚才相同的操作后，再次返回待机位置，不断重复这一过程，直到堤体构筑完成。

这个自动化推土机以小松制作所生产的中型机为基础，搭载了GPS（Global Positioning System）和陀螺仪，能够掌握位置信息和机体动作，还能够自动制动，而且鹿岛公司还增加了用电脑控制推土机行驶的功能。

鹿岛建设公司解释说，通常情况下，由于工人操作之间的差距，人工进行同样的作业时，混凝土堆的解体方式和混凝土的铺陈方式会出现差异，工人的熟练度会对施工的精准度和速度产生影响。但是新的自动化操作是在细致分析了熟练工操作的推土机动作之后，加入了控制程序，因此推土机能够更加高效地进行施工。

而且，在现场被广泛使用的震动压路机还配备了GPS、控制自动转向的计算机、障碍物检测传感器等，有了这些设备，自动驾驶成为可能。操作员一个人在监视两台自动震动压路机的同时，还能进行轧制作业。不管是直线行驶，还是曲线行驶，自动震动压路机都能够保证与熟练工相同的施工精准度。

鹿岛建设公司在不断发展和完善着这项技术，除了上述的五山水库工程，该技术在大分市大分川堤坝建设工程中也发挥了巨大力量。震动压路机的轧制作业，推土机的反复作业，自动倾卸卡车的运输、卸货等，多个重型自动化机械联合作业，成功地促进了工程的顺利进行。

摄影：大村拓也

图 6-8　五山大坝建设现场

一人监视两台振动压路机

摄影：大村拓也

图 6-9　五山大坝施工现场自动化施工

出处：东日本高速公路

图 6-10　使用准天顶卫星驾驶辅助系统的除雪车

·除雪车的自动驾驶

使用卫星，辅助驾驶

不仅是在建设工地，在土木建筑的维护管理等领域，实现自动驾驶的努力也在不断进行当中。

东日本高速公路公司正在致力于在北海道进行除雪车自动驾驶实验，该实验利用的驾驶辅助系统是日本独立研发的卫星定位系统“MICHIBIKI”，实验区域位于道央车道,在岩见泽IC和美唱IC之间的约21公里的范围内。

MICHIBIKI系统使用的是准天顶卫星，该卫星沿着“八”字形轨道环绕日本上空和大洋洲运行。用MICHIBIKI的信号补充美国的GPS系统，卫星定位与实际位置能够精确到厘米。

这项技术可以帮助除雪车清除路边积雪，该技术把从MICHIBIKI系统获得的信号与高精度地图情报相结合，可以将位置精确到厘米，并通过安装在驾驶位上的传感器显示行驶位置，协助操作员进行操作。

传感器能够测量除雪车与护栏之间的距离，也可以监督是否在指定车道内运行，如果行驶出了车道，会发出警告，为了避免车辆撞到被雪埋住的护栏，车体顺着道路应该掉转的角度也会显示出来。

东日本高速公路公司之所以进行除雪车协助驾驶实验，是因为熟练工的高龄化和后继乏力的现实。利用ICT，经验不足的作业人员也能够进行准确的操作。该公司从2013年开始着手进行研究，开发了通知系统，该系统能够将容易冻结的桥段位置信息告知驾驶人员。

预计到2021年，东日本高速公路公司希望实现除雪车的操作和驾驶的部分自动化，到这一阶段，虽然还需要驾驶员，但是将来的目标是实现没有驾驶员的完全自动化。

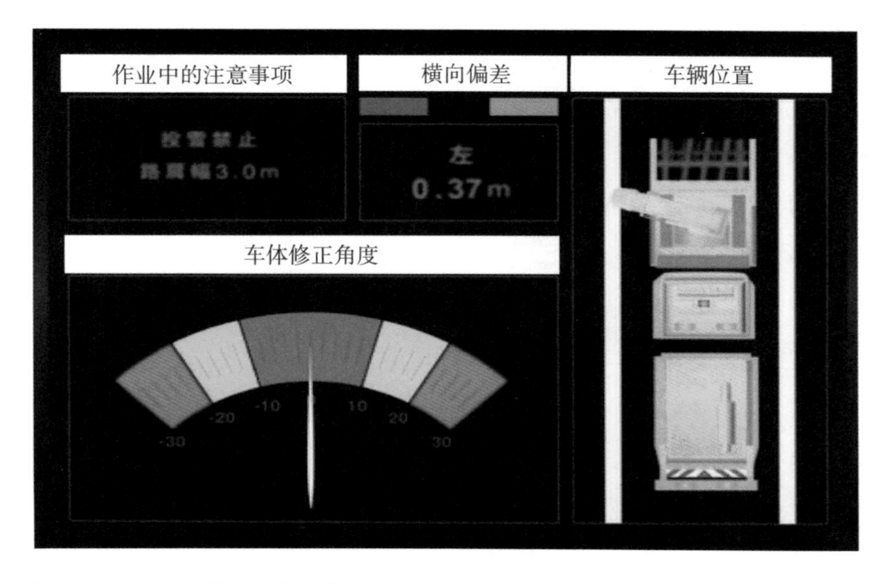

车辆通行位置和车身朝向角度等一目了然

出处：东日本高速公路公司

图 6-11　辅助驾驶传感器画面

· LANDLOG

土木工程专用物联网平台

小松制作所是最早开始提供建筑机械远程监视服务——KOMTRAX[①]的，并研发了土木工程专用物联网平台——LANDLOG[②]。

长期以来，土木工程一直倾向于依赖工作人员的直觉和经验，为了实现工程的可视化和提高劳动生产率，LANDLOG 利用了“调查、测量”“设计”“施工”“维护管理”等各工序中得到的三维数据，还有无人机捕获

---

① KOMTRAX：包含一个 KOMTRAX 通信调制解调器、通信天线、机器监控器和 GPS 天线。此系统可以无线传输各种机器信息。操作 KOMTRAX 的人员可以参考这些信息为客户提供各种服务。（译者注）

② LANDLOG：是一个开放渠道，旨在加速物联网驱动的施工作业流程变革。（译者注）

的地形数据和实时传感器数据等多种数据。小松制作所将这一系列操作称为“Smart Construction”，而LANDLOG则是实现Smart Construction的物联网平台。

值得注意的是，LANDLOG不是小松制作所独占的物联网平台。小松制作所与NTT DoComo、SAP Japan、OPTiM等公司共同成立了新公司LANDLOG，负责LANDLOG的策划、开发和使用。各出资企业的分工如下：

小松制作所负责提供地形测量方面的技术，还有土木工程中投入资本（机器、人、资料等）的可视化相关技术。

NTTDoComo提供与无线通信相关的技术和服务，例如LTE（Long Term Evolution）、LPWA（Low Power Wide Area）、5G等技术。此外，还提供物联网平台的结构和数据收集、可视化、分析等相关技术。

SAP Japan则基于设计思维及其框架（SAP Leonardo）[①]来支持物联网平台。

OPTiM提供AI和IoT，以及与该公司物联网平台（OPTiM MCloud IoT OS）应用相关的技术。

早在2015年，小松制作所就建设了与LANDLOG概念基本相同的“KomConnetc”物联网平台。今后，小松制作所将会把KomConnetc的数据收集、可视化、分析功能等相关功能转移到LANDLOG，仅专注于LANDLOG的应用开发工作。

小松制作所已经建设了独立的物联网平台，并且也取得了一定的成果，那为何还要和其他公司合作推出新的物联网平台呢？关于其理由，2018

---

① SAP Leonardo：SAP Leonardo作为一个数字化创新体系，整合了当下最前沿的技术，可以在云端无缝运行。（译者注）

年 1 月，该公司智能构建推进总部系统开发部部长赤沼浩树在演讲中阐述如下：

> 通过 Construction 和 KomConnetc，小松制作所自己的建筑机械生产率得到了提高，但是，用户的生产率却未必都跟着获得了提高。在 LANDLOG 这个平台上，不仅与小松制作所相关的机械建筑工程，其他的土木工程也是服务对象，这是一个更加开放的体制。

“建筑机械生产率得到了提高，但是，用户的生产率却未必都跟着获得了提高”，这是怎么回事呢？例如，有公司使用了小松制作所的 KomConnetc，通过具备自主控制功能的“ICT 建筑机械”，实现了作业支持和自动化，确实提高了生产率。但是，如果其他工程的劳动生产率还是低的话，整体的劳动生产率就无法提高。

用户在进行土木建设时，并不是只使用小松制作所的建筑机械，为了提高整体劳动生产率，对于使用其他公司的建筑机械或者建筑机械以外机器的工程，也必须想办法提高其劳动生产率。

进而，不仅要考虑工程的劳动生产率，甚至与工程相关的卡车运行管理也需要考虑。“运送泥土的卡车一旦遇到交通堵塞，就会导致土木工程的停滞”（赤沼），因此，LANDLOG 还提供了优化卡车运输管理的服务。

将独立的物联网平台 KomConnetc 打造为 LANDLOG 重新推出，即便工程没有使用小松制作所的建筑机械，小松制作所也能轻松获取所有工程的数据。虽然 KomConnetc 也是一个开放的平台，但是“其他的建筑机械制造商和机器制造商却很难参与进来”，LANDLOG 的董事长井川甲作解释道。

今后，小松制作所不会直接参与物联网平台的企划和使用，而是会成为物联网平台的 APP 开发者之一，这样就可以促进与土木工程相关的制造商和系统集成商的参与。

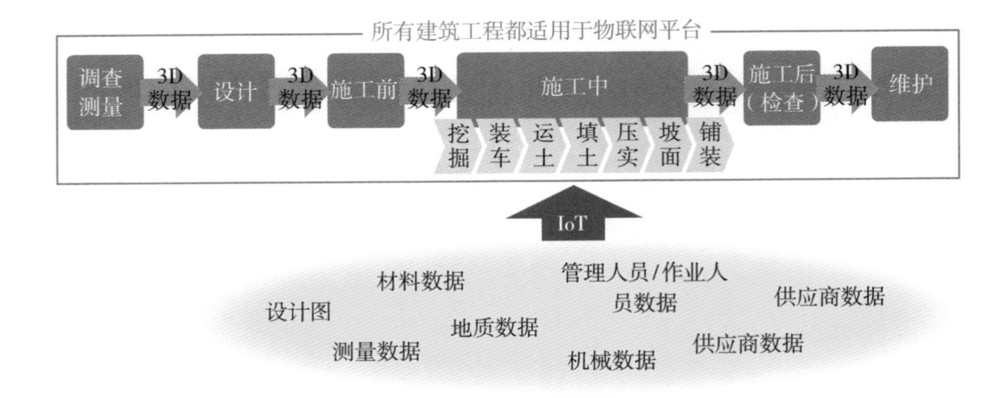

出处：根据 LANDLOG 的资料绘制

图 6–12 LANDLOG 的适用范围

· 通过 AI 实现重型设备自动化

发挥日本的优势

正是建筑业劳动生产率长年低迷的现实，在促使各家公司投身于对自动化和 IoT 的研究。日本国内土木工程的招标工作主要由国家、地方政府和地方团体负责，其投资总额每年超过 20 万亿日元，虽然市场坚挺且巨大，但是从增值生产率（按经济活动划分的实际国内生产总值除以就业人数和工时数的乘积）来看，2015 年，建筑业的增值生产率只有制造业的一半。追溯至 1994 年，建筑业和制造业之间几乎没有差距。在这二十年里，制造业大幅提高了劳动生产率，而建设业与 1994 年相比，几乎没有什么变化。

具体到工种，混凝土工程和挖掘等土木工程中主要工种的劳动生产率也没有什么提高。从土木工程和混凝土工程的角度来看，1984 年和 2012 年单位建筑量所需劳动力几乎没有变化。

与此同时，由于灾后重建和东京奥运会等现实需要，国内建设需求高涨，但现场熟练工的减少和高龄化的状况都在加剧，建筑公司无法保证建筑工地有足够的、优秀的重型机械操作人员的情况并不少见。

如此一来，提高土木工程工地的劳动生产率就变得紧迫起来，最先取得了成效的是改善了性能后的重型机械。目前，建筑工地上已经开始出现带有辅助功能的重型机械，操作变得更加简单，一旦操作人员操作错误，控制功能就会启动，机器就会停止工作。因此，即使经验不足的操作人员，也可以按照图纸进行施工。

为了进一步提高劳动生产率，就需要自动驾驶功能的重型机械登场。

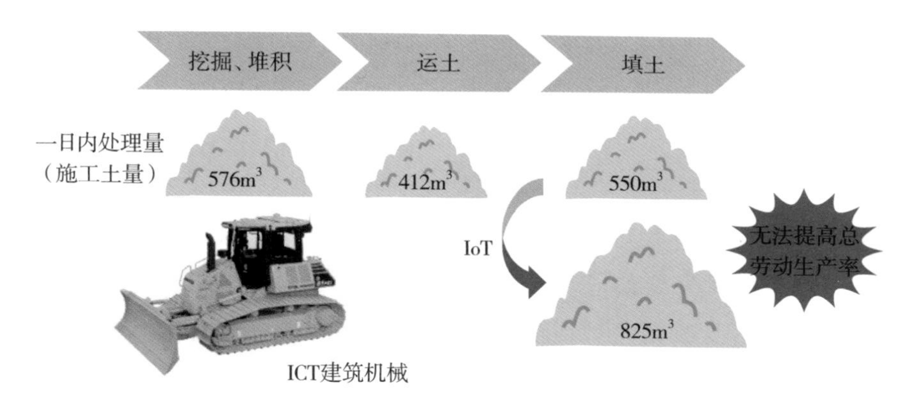

根据“ICT 建筑机械”说明，虽然部分工程（图中“填土”）的劳动生产率有所提高，但是其他工程的劳动生产率依然很低。

出处：根据 LANDLOG 提供的资料制作

图 6-13　无法提高总劳动生产率的原因

强大的重型机械制造商

从消除劳动力不足和提高现场劳动生产率等方面来看，施工和除雪等作业车辆的自动驾驶，有很大的社会需求，技术研发能力也在随之进步。由于限定了使用条件和场所，也由于使用的企业有一定的限制，从事工作的驾驶员也具有一定的工作经验，用于工程建设和基础设施维护的车辆比普通汽车就更容易实现自动驾驶的实用化。

尽管如此，我们依然面临着不少有待解决的课题。例如，如何完善包括劳动安全卫生法在内的法律体系，如何改进问题发生时责任分担方式，如何实现不同厂家之间重型机械合作等。这些课题应该是自动重型机械融入现有社会系统时所面临的最大障碍。

日本在重型机械自动化的竞争中处于优势地位，虽然日本已经进入老龄化时代，但是仍有许多熟练的操作人员活跃在工程现场。如果能够成功捕捉熟练技术人员的操作作为教师数据，就可以利用 AI 的学习功能，掌握高效率地移动重型机械设备的方法。

因此，IoT 不仅要收集和分析数据，还必须建立数据活用的循环，在特定系统内不关闭循环，使各种系统之间的数据协作得以实现。

德国西门子公司推出了物联网平台“MindSphere”，并且认为“封闭的生命周期数据循环”、AI 的使用是数据收集、分析的深入阶段。也就是说，收集、分析 IoT 记录的数据，从中得出下一步要采取的决策和行动，然后再对决策和行动所带来的结果进行收集、分析，建立数据活用循环。在下一阶段，数据活用循环将不再依靠人力操作，而是由 AI 自动运行。

在日本有多家拥有先进技术的重型机械制造商，如果这些制造商可以推进自动驾驶和 IoT 的研发，并且安装到重型机械上用于出租的话，中小建筑公司就更容易享受到劳动生产率提高带来的实惠了。

日本国内在不断钻研开发，进而把技术推广到建设需求旺盛的海外。不仅在建设阶段，而且在维护管理等领域，如果我们能够提供更多的自动驾驶和 IoT 服务，那么我们就掌握了强有力的武器，在举全国之力推进基础建设出口方面就能有所作为。

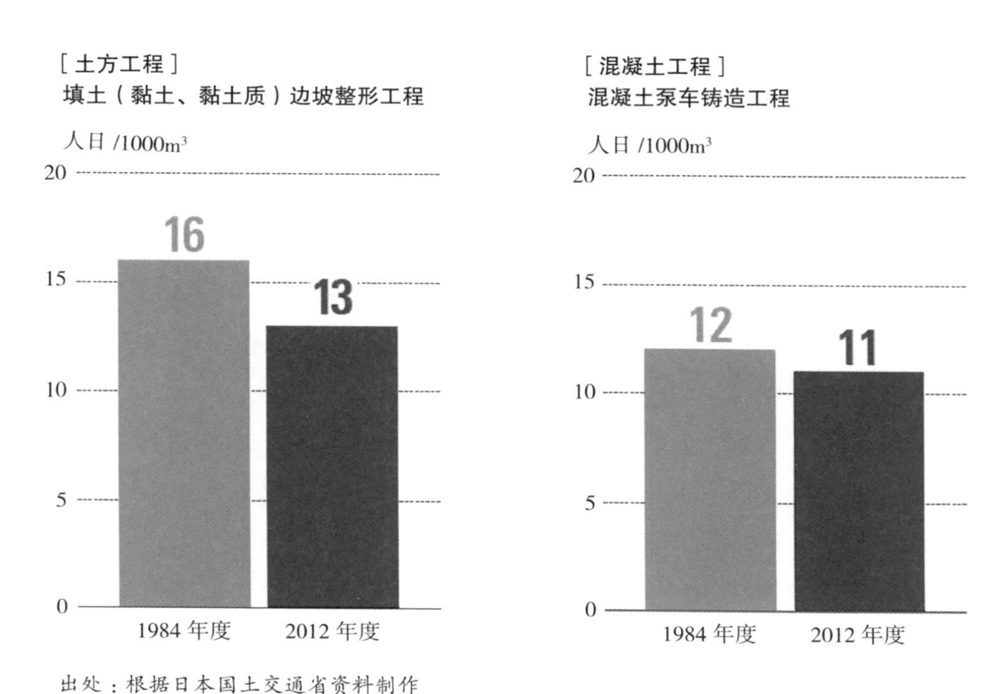

出处：根据日本国土交通省资料制作

图 6-14　土方工程和混凝土工程所需劳动力的变化

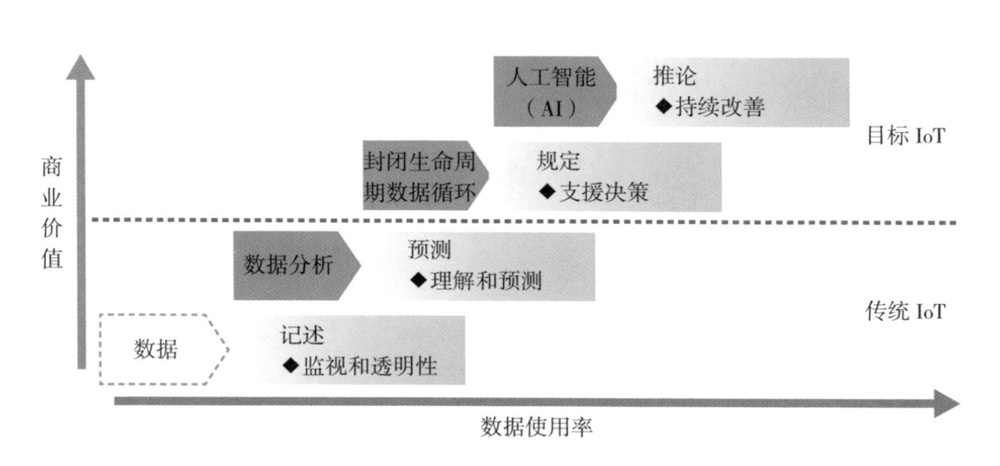

出处：西门子

图 6-15　IoT 活用阶段

建筑

使用机器人节省七成以上人工

浅野祐一 日经×TECH、日经 Home Bailder

佐佐木大辅 日经×TECH、日经建筑

2015 年，汇聚了大型建筑公司的日本建筑业联合会（日本建联）公布了行业的长期规划，即提高工程生产率，到 2025 年实现 10% 以上的人工节约。考虑到劳动环境改善等因素，如果要减少 10% 的劳动力，就必须提高超过 10% 的生产率。

在严重的劳动力不足和老龄化的背景下，日本建联预计 2018 年之后，创新还将扩展到以民间企业为承包主体的建筑领域。

日本建联在长期规划中表示，2014 年度在籍的技术人才有 343 万，预计到 2025 年度将会下降到 216 万人。针对短缺的部分，日本建联给出的指导方针是，77 万依靠新入职的劳动力，35 万依靠节省人工来解决。

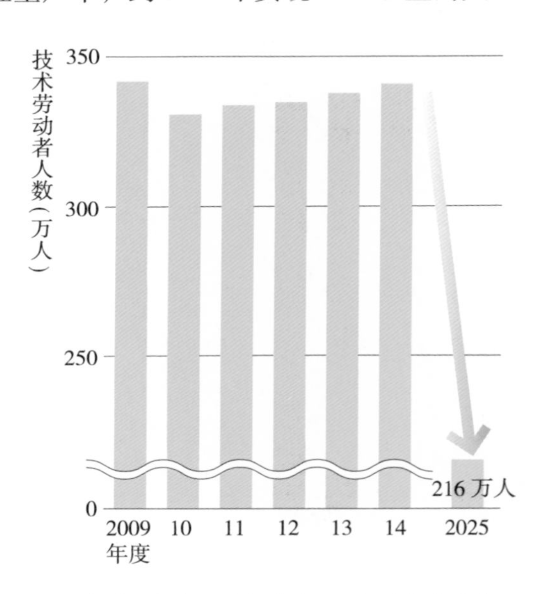

2014 年前的技术人才数量参照日本总务省的《劳动力调查》

出处：基于日本建设联合会和国土交通省的资料绘制

图 6–16 日本建设联合会对建筑施工现场从事技术劳动人数的预测

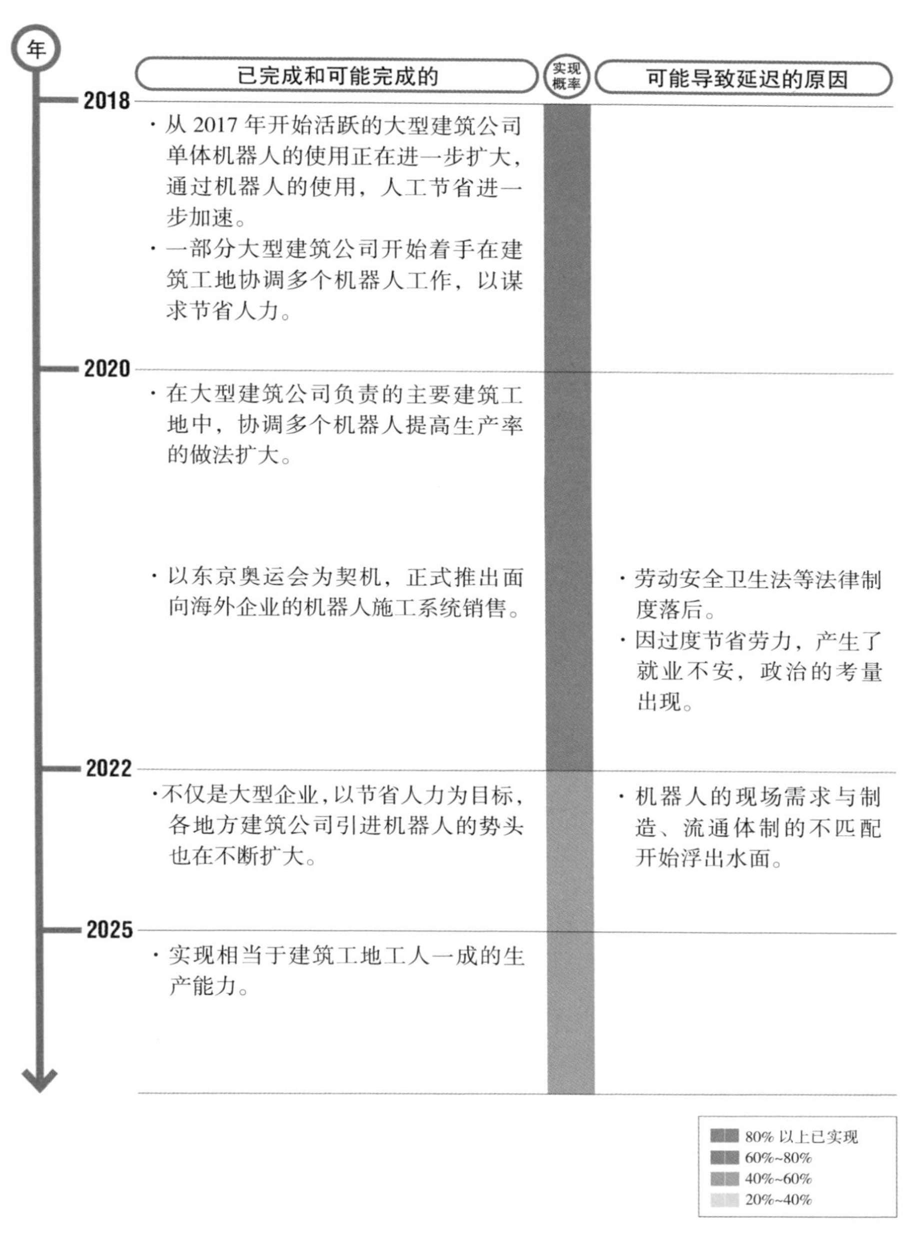

利用机器人提高劳动生产率的关键是如何使多台机器人高效地配合工作。

法律制度的不尽完善和非大型企业技术开发能力的不足可能会成为发展的障碍。

出处：日经×TECH

图 6-17　利用机器人提高建筑劳动生产率未来年表

· Shimz Smart Site

多个独立机器人建造大楼

作为节省人力的有力工具，机器人和新型建筑机械备受期待。2017 年，以大型建筑公司为中心，为了提高单一作业的效率，实现节省人力的目的，新研发的机器人被导入建筑施工工地，许多案例都验证了其有效性。

一般而言，建筑工程和土木工程相比，所需的工种更复杂，工匠种类也很多，因此，导入单一功能的机器人并不合理。在通过机械化实现节省人力这一过程中，协调多个机器人和建筑机械共同工作的努力是必不可少的。

针对这些需求，今后会出现不小的举措。在关西地区，利用数个独立机器人和建筑机械，联合建造高层建筑的挑战性计划已经出台。

清水建设公司已经开始使用本公司开发的新一代生产系统——“Shimz Smart Site”，计划通过协调多台独立机器人工作，在建筑施工工地实现人力节省。

为了在适合条件的工地实现节省 70% 以上的人力，清水建设公司在建筑施工现场投入四款新研发的机器，并以 BIM（Building Information Modeling）为核心，结合 AI 和 IoT，实现独立机器人自主作业。

由清水建设研发的世界第一个水平滑动起重机“Exter”是核心机械之一，其工作半径可以通过在水平方向上伸缩的动臂自由调节。

2017 年 8 月，清水建设在广岛县吴市的 IHI 搬运机械 · 安浦工厂展示了 Exter 的实体机。为了让机器人进行施工，需要构建一个全天候闭合空间，而 Exter 则是构建全天候闭合空间的核心技术。因为 Exter 不像普通起重机那样，动臂需要上升和下降，因此 Exter 就无须受屋顶高度限制。

Exter 起重机的吊臂横向分为三部分，位于根部的动臂是固定式的，内侧可收纳中间和前端的动臂，最大吊重 12 吨，作业半径 3~25 米，吊装高度 200 米。

吊起物料时，Exter 起重将动臂从顶部侧面的开口处伸出去，吊起地上的材料，接着收缩动臂将材料运入内部，在内部伸缩动臂，水平旋转，将材料运送到指定位置。感应器感应动臂前端和顶部之间的位置关系，以防止发生碰撞事故。

清水建设公司生产技术部的坂本真一副部长进一步说明："这个起重机还具有收集和分析操作数据的功能，甚至还能够验证工程中的问题，讨论对策，并且加以实施。"

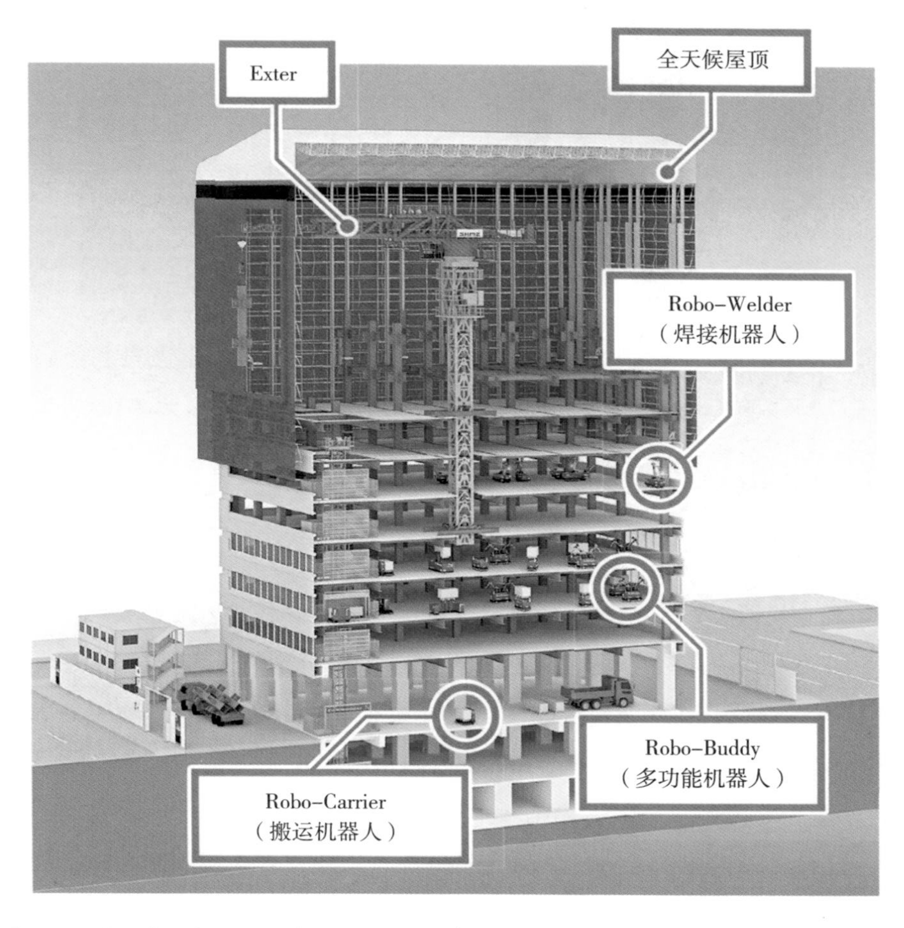

在全天候封闭空间内，Exter 将钢柱和梁悬挂在指定位置，Robo-Welder 在焊接支柱的同时进行框架建设。Robo-Buddy 负责修饰天花板和地板。运输到现场的材料在晚上由运输机器人如 Robo-Carrier 运输到预定的地方。

出处：清水建设

图 6-18　Shimz Smart Site 示意图

在屋顶高度的封闭空间内可以自由运行的世界第一台水平移动起重机，不受屋顶高度限制，能在封闭空间内自由作业。不仅能用于新建建筑，还能用于拆除建筑。

摄影：佐佐木大辅

图 6-19　2017 年 8 月，清水建设公开的水平移动式起重机“Exter”

独立机器人与人的合作

SIMIZU Smart Site 由三个机器人组成，它们分别是焊接机器人“Robo-Welder”，修饰天花板及地板的多功能机器人“Robo- Buddy”，水平、垂直搬运机器人“Robo- Carrier”。SIMIZU Smart Site 与人类协同合作，共同进行作业。

三台机器人由机器人的领班——机器人集成管理系统控制，该管理系统，可以统管全国上百个建筑施工现场的八千台机器人。

现场的负责人只要操作平板电脑就可以控制机器人。机器人能够根据集成管理系统发送的指示，识别自己的所在地和施工对象，同时，在施工现场移动，进行自主作业，还可以实时记录和存储作业状况和效果，负责人随时可以通过平板上的画面进行确认。

通过多个工地的使用折旧降价

以层高30层、单层面积3000平方米的建筑为例，清水建设估算，使用SIMIZU Smart Site，能够在起重、搬运作业时节省2700名人力，天花板、地板施工节省2100名人力，焊接作业节省1150名人力，共计节省近6000名的人力，这个数字相当于整个工程中所需技术工人的1.1%。

清水建设预计，这一系列的研发将花费约20亿日元，如果这些建筑机械和机器人能够转用到两三处建筑施工地的话，就可以折旧降价。

清水建设的常务执行董事、生产技术部长印藤正裕进一步展望了未来，“为了能让人们把机器人当作同伴，我们试图赋予机器人具有吸引力的形态，让合作伙伴有愿望将机器人放在自己的施工现场，是事情开始的第一步。施工现场有成千上万种作业，把机器人获得的信息储存在数据库中，让机器人进行自主学习也在我们的考虑范围之内，我们希望将机器人应用到更多的工作中去。”

近些年，建筑行业以前所未有的速度不断采用先进技术。即将到来的2020年东京奥运会带来了旺盛的建筑需求和劳动力不足，这当然是重要的原因之一，但这不是唯一的原因。

引入先进技术，还会给日本的建筑技术带来海外市场的可能性。2020年奥运会举办期间，许多海外政要会造访日本，世界的目光将汇集于日本。如果有多个施工现场使用机器人，那么就会被更多的要人关注，也就更有利于建筑技术向海外的输出和建筑业向海外的发展。

希望虽然存在，但为了加速机器人的引入，亟待解决的问题也不少。首先，需要对劳动安全卫生法等法律制度进行调整和完善；其次，目前的法律制度是以人工作业为前提制定的，下一步需要其也适用于高度机械化的建筑施工现场；再次，在自动驾驶的情况下，如何处理驾驶责任等问题也需要理顺。

此外，如何向中型建筑企业扩展业务也是一个难题。在现阶段，建筑用机器人的市场非常小，机器人技术都是以大型建筑企业为中心开发的，如果将其扩展到中型建筑企业所负责的施工现场，则整顿机器生产体制和提供流通环境策略都是必不可少的。

以法律为首的环境整顿等，仅靠民间企业的努力，效果有限，当务之急是由国家和地方政府增加支持机械化的项目，并积极推进制度建设。

〈现状〉
· 仅限支柱焊接（36 处 / 层、平均柱径 800mm）
48 人工 / 层数 ×30 层 1450 人工
〈使用 2 台支柱焊接机器人〉
· 焊接工
10 人工 / 层数 ×30 层 300 人工

节约：1150 人工
该工程的人工节省率 79%

〈现状〉
· 搬运中心（稳定状态）
8 人 / 天劳动时间 450 天 3600 人工
〈使用搬运机器人〉
· 升降机中心
2 人 / 天劳动时间 450 天 900 人工

节约：2700 人工
该工程的人工节省率 75%

〈现状〉
· 装潢工人
90 人工 / 层数 ×30 层 2700 人工
〈使用多功能机器人〉
· 操作人员
20 人 / 层数 ×30 层 600 人工

节约：2100 人工
该工程的人工节省率 78%

工程整体人工节省率 1.1%（1150 人 + 2700 人 + 2100 人）÷ 544000 人

建筑物为 30 层，标准建筑面积 3000 平方米。在各项作业中，人工节省率超过 70%。

出处：清水建设

图 6–20 各类独立机器人的人工节省效果估算

办公
机器人同事

玉置亮太 日经×TECH、日经计算机

从2018年到2019年的一年间，“机器人”接二连三地进入了我们的职场。在电脑上进行简单的例行工作却不抱怨的透明机器人、在室内或走廊上、搬运行李的自动机器人、代替远程办公的同事站在身旁的分身机器人……机器人成为办公室风景的日子已经近在眼前。

· RPA
期待流程自动化

RPA（Robotic Process Automation）是处理简单操作和日常工作的透明机器人，它能通过软件将需要在电脑上反复输入或者誊账的人工作业自动化。

在最先使用RPA技术的金融行业，三菱日联金融集团、日本瑞穗金融集团等三大公司计划减少业务，相当于减员3.2万人，而RPA正是提高业务效率的关键技术。

调查公司ITR预测，2018年度日本国内RPA市场规模将是2017年度的2.2倍，将达到44亿日元。

之所以预测市场会扩大，是因为RPA软件技术的进步。今后，机械学习和聊天机器人等开始与AI结合，除了传统的简单工作之外，意外状况或者自然语言等非常规处理任务的自动化，也可以轻松实现。

例如，通过利用AI识别OCR（光学字符识别）[1]读取的文字和电子邮

[1] OCR（光学字符识别）：是指电子设备（例如扫描仪或数码相机）检查纸上打印的字符，通过检测暗、亮的模式确定其形状，然后用字符识别方法将形状翻译成计算机文字的过程。（译者注）

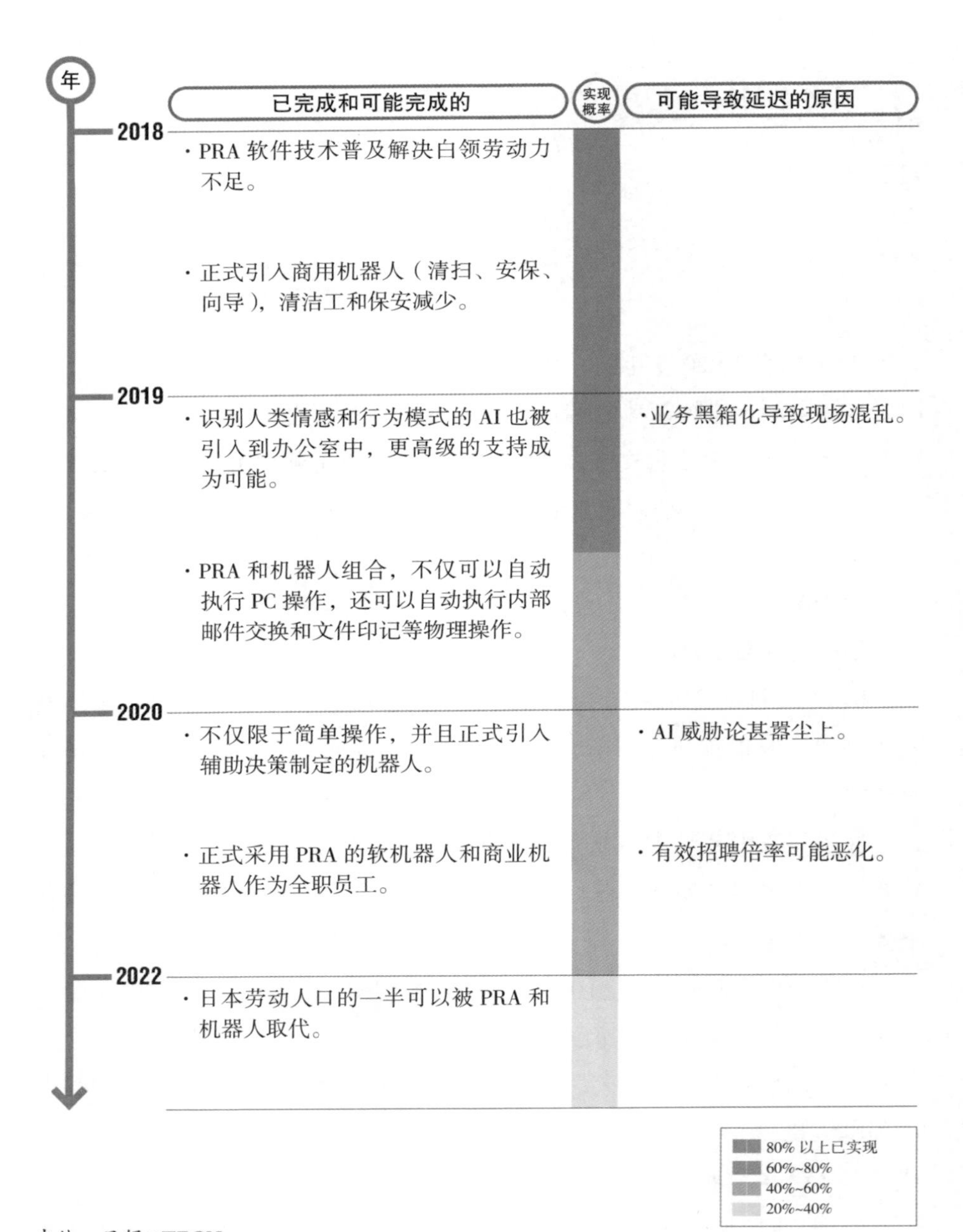

出处：日经×TECH

图 6-21　机器人在办公室应用的未来年表

件，能提高登录数据及完成工作流程的准确性。

以处理会员的地址变更纸质申请表为例，以下流程都可以实现自动化。扫描手写申请表，将姓名和新旧住址转换为文字数据，在公司内部系统中更新顾客信息，变更完成后向顾客发送通知邮件。

通过机械学习读取结果，继而加以学习，从而提高读取的精确度。

通过与 AI 合作，读取文件格式尚未确定的文档，也有可能实现自动化。这一技术可供保险公司读取来自不同医疗机构的检查报告，并根据内容给予保险费折扣。

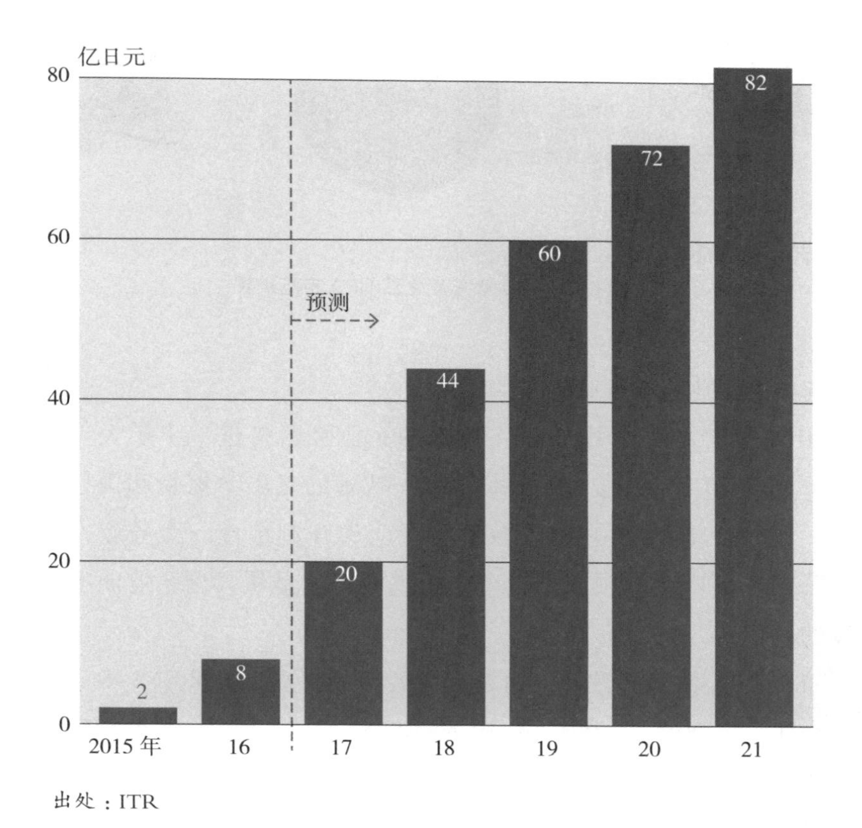

图 6-22　RPA 日本国内市场规模预测

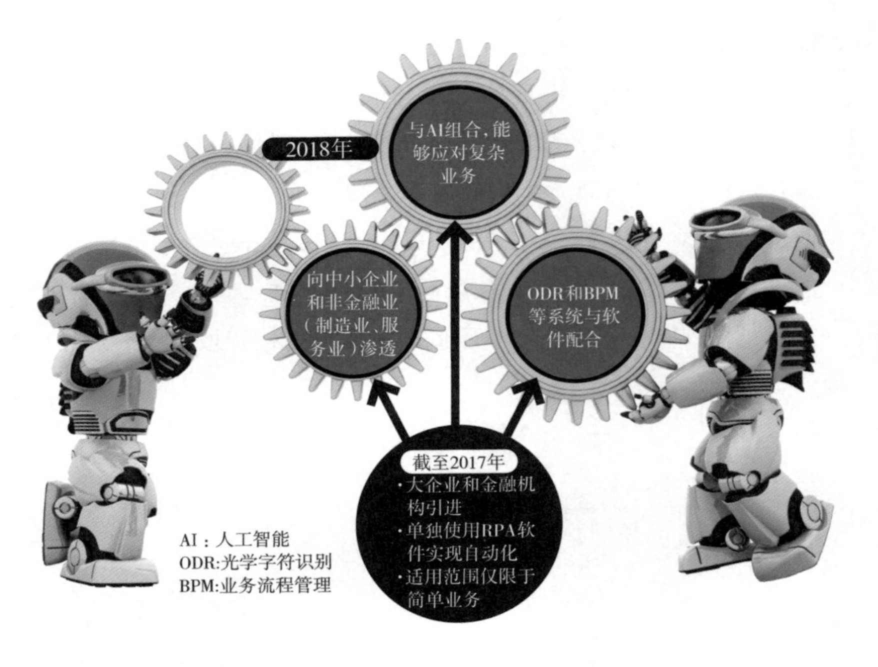

出处：iSTOCK

图 6-23　2018 年度之后 RPA 市场扩展

向中小企业和服务业扩展

2018 年度之后，引进 RPA 技术的企业阵营将进一步扩大。从行业来看，到 2017 年为止，首先引进 RPA 技术的是生命保险和银行等金融行业，预计 2018 年度，RPA 技术将会应用在制造业、服务业、零售和贸易公司等更广阔的领域。就企业规模而言，是从大型企业向中小企业过渡的过程。

随着 RPA 技术的普及，白领业务效率的提高，办公室人手不足的问题也会随之得到解决。2017 年 10 月，日本国内劳动力市场的招聘数是求职人数的 1.55 倍，较前一个月上升了 0.03 个百分点，是时隔 44 年之后达到的最高水平。相信 RPA 技术的普及可以有效地降低这一比例的进一步升高。

劳动力充足之后，向企业派遣员工承担固定业务工作的人才派遣公司和人才介绍企业，或 BPO（Business Process Outsourcing）[1] 业务承包商，都将受到影响。如果不仅是固定数据处理工作，甚至各种账票和文件数据都能用 RPA 进行处理的话，人类从事的工作就会更加减少。

人才派遣公司和 BPO 公司以 RPA 技术的存在为前提，在加快进行新服务开发和事业结构的改革。保圣那（Pasona）公司从 2017 年 10 月开始，向保险行业提供利用 OCR 和 RPA 技术自动处理手写文件的服务，Dip 公司也正在积极推进开发，试图提供人类和 RPA 软件相组合的混合人才。

· 办公室里的快递机器人

代替快递员派送快递

除了软件机器人之外，在不久的将来，我们还将看到这样的场景：在室内和走廊里出现了代替人类搬运行李的机器人，还有担任同事分身的机器人。

下午三点，你正面对电脑工作，突然接到了收发室的内线电话，"××公司的快递到了"，于是你来到电梯口，出现的是一辆比行李箱大一圈的车子，车辆自己下了电梯停在了你的面前，你用智能手机打开侧面的门，取出快递，快递车又回到电梯里去了。

机器人车辆代替快递员配送邮件和零售店的商品，这样的景象大概会变得越来越理所当然，事实上，面向实际应用的实证实验也在相继进行。截至 2018 年 3 月 31 日，开发商巨头 MORI Building 与致力于机器人开发的 ZMP 公司联合在东京港六本木新城进行了实证实验。ZMP 公司使用其研发的自动行驶配送机器人"CarriRo Delivery"，从六本木新城内的物流中心出发，穿过办公大楼的通道，乘坐电梯派送快递。

2018 年 3 月，ZMP 公司和电通国际信息服务有限公司（ISID）共同在东京品川的办公区进行了实证试验，内容是自动配送咖啡，实验为期三天。

六本木新城的运营公司——MORI Building 的城市管理事业部的藤原纯

---

① 商务流程外包。（译者注）

也表示，实证实验的未来目标，在于“实现人类和机器人共存的办公室和自动化街道”，用以降低六本木新城内的企业和住宅配送成本。

六本木新城整个大厦采用了共同物流方式。寄往大厦内企业或住宅的邮件先集中在 MORI Building 委托的物流公司的共同物流中心，分拣后由快递员向各户派送。

在维持这种共同物流方面，有待解决的课题是，如何实现从共同物流中心向各户配送货物的“最后一公里效率化”（藤原）。六本木新城内的快递数量是一年五百万件，随着快递行业劳动力不足日益严重，今后是否能够保证有足够的快递员呢？藤原认为，“机器能做的事情尽量交给机器去做，人类应该更专注于只有人类才能做的工作”，经过思考得出的结论之一就是快递机器人。

藤原表示，“通过实证实验，我们希望人们更加切身体会到快递行业劳动力不足的问题，也更加理解机器人进行快递配送的可能性”。在公共场合向普通顾客展示快递机器人，有利于提高人们对人机共存的理解，降低实用化的门槛。

摄影：玉置亮太

图 6-24　快递机器人“CarriRo Delivery”的外观

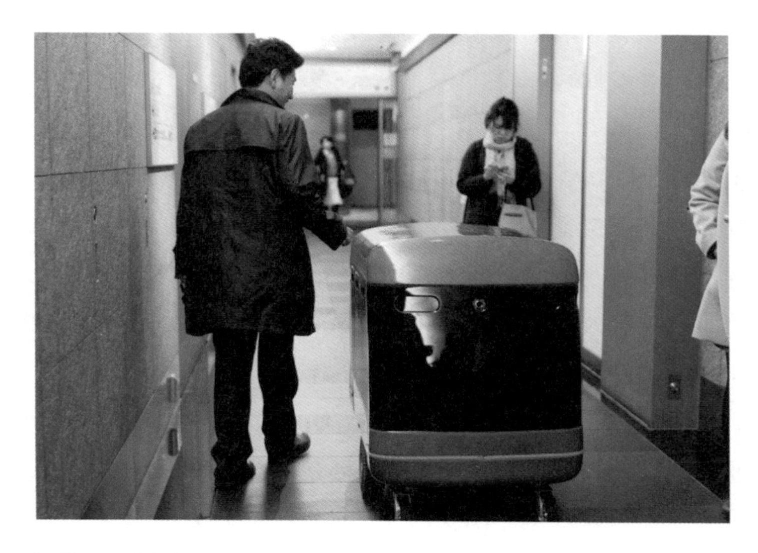

摄影：玉置亮太

图 6-25　在六本木新城内进行快递机器人实证实验

· 办公室用清扫机器人

兼具安保功能

近些年来，另一个新趋势是，在办公室里利用机器人完成安保或清洁工作的公司越来越多了。各公司将 IoT 与 AI 技术相结合，用以构建高效舒适的办公楼环境。

软银（Softbank）与国内首屈一指的建筑设计公司——日建设计正在共同开发利用 IT 技术的新一代大楼“Smart Building”，Smart Building 能够使用 IoT 收集的数据和机器人来提高清洁、警备、设备管理等工作的效率，还可以基于软银手机的位置信息和大楼内传感器的数据，使大楼内外的人的动作可视化，有助于舒适的办公室和街区的设计。

两家公司认为，实现智能化可以大幅度降低大厦的运营成本，利用机器人或传感器代替人类承担的清扫、警备、设备维护等工作，估计可以节省 40% 以上的运营成本。

目前两家公司正在考虑由美国 Brain Corporation 公司的商用机器人完

成大楼内部的清洁工作，该机器人搭载有 AI 技术，能够利用传感器避开障碍物，清扫地板。

· 分身机器人

协助远程办公交流

作为工作方式改革的一环，远程办公的适用范围正在不断扩大，实施远程办公时，机器人开始渐次登场。远程办公的职员把机器人作为自己的分身放在办公室里，代替自己的一部分工作。

创业公司 Ory 研究所研发、销售的“OriHime”能够支持身处不同场所的人们通过网络进行交流，虽说 OriHime 是机器人，但也需要远方的用户通过智能手机 APP 来驱动它的脸部和手部。机器人头部的内置摄像头能够将周围环境拍下来发送到远方用户的手机上，用户们可以利用内置话筒和扬声器进行交流。

原本，Ory 研究所是作为帮助病人的沟通工具，开发了 OriHime 的。创始人吉藤健太郎社长曾经有过因经常生病而无法上学的经历，共同创始人结城明姬也曾因为身患疾病而不能随意外出。“为什么我的身体只能有一个呢？”这个困惑是他们研发 OriHime 的契机。

OriHime 的脸部设计以日本传统戏剧里的能面为模特，刻意“以中性且没有个性的脸部为目标”（结城）。如此一来，当人们面对 OriHime 时，就很容易想象出 OriHime 背后交流对象的脸和表情了，如果赋予 OriHime 特定的、清晰的形象的话，它的形象就会被固定下来，在进行交流的时候，用户反而很难想起真实的对方了。

已经有五十多家公司引进了 OriHime，用于远程办公。在远程办公时，将 OriHime 放在工位上，员工在自己家中或者别的地方控制 OriHime，就能与办公室里的员工进行交流了。

例如，如果在办公室的员工对 OriHime 说“我想问一下估价单的事儿”，远程的员工就可以控制 OriHime 的脸，使它看着同事，回复“你想了解什么呢”，远程的员工说话时，OriHime 的眼睛会亮起来以表示在注意。

OriHime 上下点头表示同意，歪头把手贴到脸上表示烦恼，举起一只手表示有话要说。这些一目了然的肢体语言是事先设定好的，远程职员根据情况使用 OriHime 的肢体语言，就能够把自己的感情和想法传达给办公室的同事。

结城对此进行的说明是，“交流中反应很重要。我们不仅致力于信息交流，也努力凸显用户的存在感。”

事实上，Skype 语音会议系统、Web 摄像头的视频会议系统等，远程办公的声音和影像交流工具已经运用于人们的工作中了。但是，运用语音会议系统开会时，因为看不到参会人员的表情，所以很难在会议上附和其他参会人员；视频会议系统虽然可以看到对方，但也有人会不太情愿拍摄自己住宅的内部。以上问题，都可以通过“OriHime”的使用加以解决。

摄影：玉置亮太

图 6-26　交流辅助机器人“OriHime”的外观

摄影：村田和聪

与客户相连接

鱼谷雅彦　资生堂社长

我认为企业价值的增加与利用一切机会和客户互动的程度有关。在未来，人们可以通过数据分析来思考客户内在的价值观和情感，甚至可以将AI的力量运用于营销。我相信，IoT的机制和各类新设备会让我们看到一个全新的世界。

第 7 章
保障安全的交叉科技

安全防御

AI、IoT、自动驾驶、机器人总动员

内田泰 日经×TECH

川又英纪 日经×TECH

（协助：冈田熏）

2020年东京奥运会是向世界展示日本安全的一个重要机会，届时，警察及民间的安保人员会全体出动，投身于保护运动员、观众以及工作人员的安全。但是，这届奥运会的比赛场地不仅限于东京，还包括伊豆、宫城、札幌等地，安保范围非常广，因此仅对特定地区进行严密戒备是远远不够的。为了保证奥运会的安全，本书所述的AI、IoT、自动驾驶及机器人等技术需要一个全体总动员。当然，保证运动员和观众安全的首先是警察和安保人员，但上述的最新技术可以提供辅助作用。

出处：SECOM

图7–1　东京马拉松的警备

马拉松长跑运动员的比赛距离是42千米，可以想象的是，比赛时赛道两旁会聚集百万人以上的观众，而我们又该如何保护分散在不同路段的运动员和大规模的观众呢?

日本最大的安全警备公司SECOM和东京警察当局，已经在两届“东京马拉松大赛”中尝试过最新的、包括反恐在内的安全措施了。

· 马拉松安保系统

使用移动摄像机和AI保护运动员和观众

在2018年2月举行的东京马拉松比赛上，SECOM在比赛的重要地点安装了临时监控摄像头，同时在赛道周围配备了安保人员，安保人员胸前佩戴着小型穿戴式摄像头，共计使用了150个摄像头。

和设置在高处的监控不同的是，安保人员佩戴的穿戴式摄像头可以随着安保人员靠近目标的人或者物进行拍摄，由于其高度与人的视线高度接近，更有利于捕捉脸部图像。

监控和穿戴式摄像头拍下的画面会传送到SECOM的处理中心，使用AI图像识别系统对画面进行分析，如检测到异常，会立即将信息反馈给“大会监控中心”，监控中心的大会管理人员、警察和消防负责人对其进行应对处理。此外，SECOM还会将信息传输给赛道旁的安保监视车辆。各方对收集到的信息迅速做出分析和判断，并告知附近的警察和安保人员，警察和安保人员便可立即赶赴现场。

在奥运会和马拉松比赛现场，不仅需要考虑运动员的安全，观众的安全也至关重要。每遇重大赛事，总免不了有各种突发事件的发生，如马拉松比赛时，有观众可能会跑进赛道。面对可能出现的突发事件，SECOM正在使用AI技术重复进行着实验，以便在需要的时候做出迅速反应。

此外，SECOM还在利用“人群分析系统”进行人群分析实验。在实验中，使用不同的颜色显示不同的人群拥挤度（人的密度），绿色表示拥挤度低，黄色表示拥挤度中，红色表示拥挤度高。通过这样的标示，预测拥挤地区，加强预警。如果赛道旁观看马拉松的观众中，有携带着异乎寻常大件行李的人，系统也可以发现。

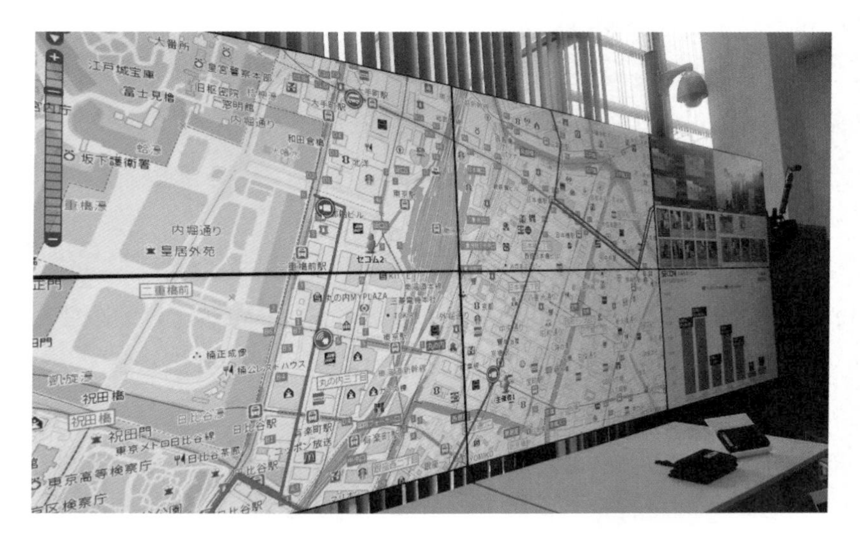

摄影：川又英纪

图 7-2　与东京马拉松“大会监控中心”同尺寸的大型显示屏

出处：SECOM

图 7-3　AI 探测到的跑入马拉松赛道的路人

出处：SECOM

图 7-4　SECOM 为东京奥运会进行的“人群分析系统”实验

· 陪跑警察所使用的穿戴式摄像头

警察的奔跑式实况转播

日本警方也在致力于最新技术的运用，用以加强安保体系。很多人应该都听说过“陪跑警察”一词，这是指在马拉松比赛中，警察与运动员一起奔跑，边跑边实施警戒。在大规模马拉松比赛中，除了专业企业的安保力量，“陪跑警察”也会一同参与警戒，穿戴式摄像头开始成为陪跑警察的必备“武器”。

虽然“陪跑警察”的主要作用在于保护重要人物，但通过“看得见的安保”可以提高威慑力，并在发生事件时迅速作出反应。

在 2017 年和 2018 年的东京马拉松大赛上，警视厅也采用了陪跑警察佩戴穿戴式摄像头的安保方式，警察头戴小型摄像机，将实况转播终端放在专用的背包中，边跑边实施警戒。在 2018 年的比赛中，有 100 名陪跑警察参与，其中 40~50 人将现场图像传送到了警视厅的监控中心。

陪跑警察使用的实况转播终端是 Soliton Systems 公司开发的 "Smart-telecasterZao-s"，体积为 123 毫米 ×77 毫米 ×35 毫米，重 350 克。商用可穿戴式摄像机拍摄的图像会输入 Zao-s，Zao-s 连接着无线调制解调器，将图像发送到监控中心。转播终端搭载了通过手机信号等 IP 地址将高清视频实现安定传输的独立技术 RASCOW (Reel-time Auto Speed Control based-on Waterway model)，将 LTE、WiFi 和卫星通信线路等不同的 IP 网合成一条线路，实施通信。此外，由于安装了专有 H.265 编码器 / 解码器 LSI，即使在不稳定的通信环境下，也能够实现"5Mbps 通信速度的全高清视频传输"（Soliton Systems）。

在奥运会比赛上，陪跑警察不能与运动员一起奔跑，因此，可穿戴式摄像机主要用于赛道防护。赛道旁的观众很可能因为专注于观看比赛，缺乏防备，因此马拉松比赛中常会发生盗窃案件。在大量人群聚集的地方，在通信环境不稳定的情况下，陪跑警察的技能有发挥的空间。

万一在马拉松比赛期间发生恐怖袭击，可以通过无人机掌握现场的情况，并引导疏散和避难。无人机在空中用摄像机拍摄周围环境，并将视频传输到地面总部的显示屏，总部就可尽快掌握现场情况，负责人可根据情况向工作人员等发出指示，并且如果无人机上配备扬声器的话，还可以通过无人机向四周发出指示。

一些公司已经开始与警方合作，联合打击恐怖行为。2018 年 1 月，通信设备公司 EmteX 与神奈川县的港北警察局签署了《关于提供反恐对策和灾害信息的协议》，公司会在发生恐怖袭击时，派出无人机从空中监控现场情况。

港北区有 JR 新横滨站和"日产体育场（横滨国际综合体育场）"，后者已经被选为 2020 年东京奥运会和 2019 年橄榄球世界杯场馆，港北警察局与当地企业、购物区、住宿设施和交通设施共同协调合作，计划建立反恐系统。

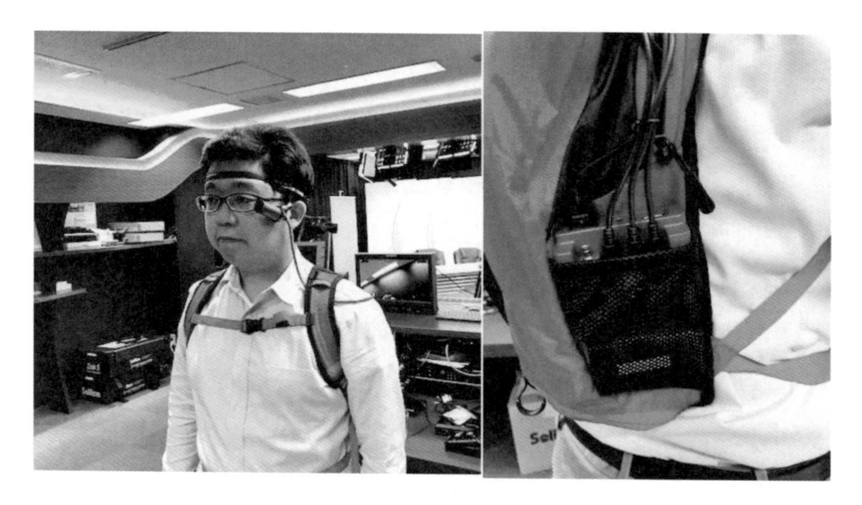

摄影：内田泰

图 7–5　陪跑警察的装备

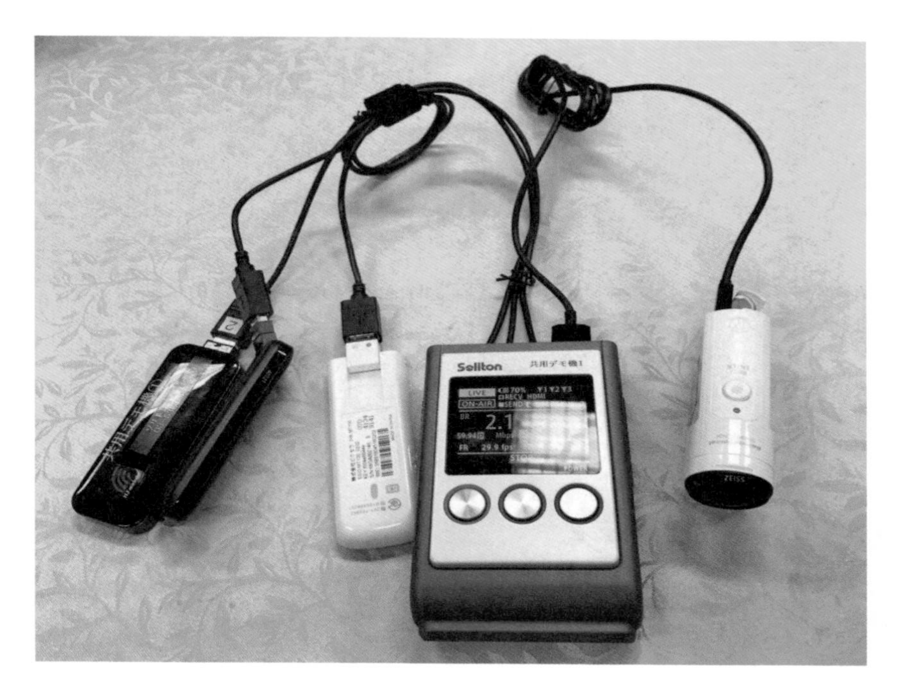

摄影：内田泰

图 7–6　警视厅采用的现场直播终端设备“Smart–telecaster Zao–S”（右边第二个）

· **无线电波探测阻断装置**

恶意无人机通信的阻断

在期待无人机发挥巨大作用的同时，它的恶意滥用也引发了担心。2015 年 4 月，在东京永田町的首相官邸，发现了装有微量放射性物质的无人机，首相官邸的安保不足也因此受到了批评。

鉴于现状，防止无人机入侵的技术开发也凸显其重要性。顺应这一形势，三菱电机于 2016 年开发了“无线电波探测阻断装置”，目前，该装置已被部分政府部门使用。

首先，该装置可以探测无人机与操控者控制端之间的通信电波，频道为 920 兆赫兹、2.4 千兆赫兹、5.7 千兆赫兹中任意一个，国内外无人机大多使用这些频带发送图像。

出处：三菱电机

图 7–7　三菱电机开发的无人机探测系统“无线电波探测阻断装置”

当探测到无线电波时，阻断设备操作终端的屏幕上会显示警报，保安人员和探测人员用眼测确认无人机后，从阻断装置传输阻断电波。阻断电波的频带与无人机使用的频带相同，除此之外，还可能会干扰 GPS（Global Positioning System）的无线电波。

阻断电波阻挡由无人机操控员控制的终端发出的无线电波，如果无人机的机体具有紧急迫降功能，会自己降落；如果没有这样的功能，有直接掉落的危险。

电波探测阻断装置检测范围大约是 3 千米，天线负责探测无线电波和阻断电波的传输，可以在天线的水平和垂直方向 45 度角范围探测无人机。

· 无人机探测系统

300 米范围的探测、跟踪和拍摄

松下也是涉足无人机探测系统开发的公司之一，该公司自 2016 年 3 月起开始接收“无人机探测系统”的订单。

松下公司的系统结合了语音处理和视频监控技术，用 32 个麦克风探测无人机的飞行声音，探测、跟踪距离约为 300 米，即 300 米以内飞行的无人机可实施跟踪并摄影。

SECOM 在 2017、2018 年的东京马拉松大赛上使用了“SECOM 无人机探测系统”，使用雷达、收音麦克等设备捕捉无人机的入侵，用摄像机实施跟踪，并将捕获的影像输送给显示器。

然而，即使能够探测到无人机的入侵，以目前的技术条件，还无法在保持周围环境安全的情况下控制无人机，因此，不仅是技术努力，现场也需要采取措施限制无人机的携带。

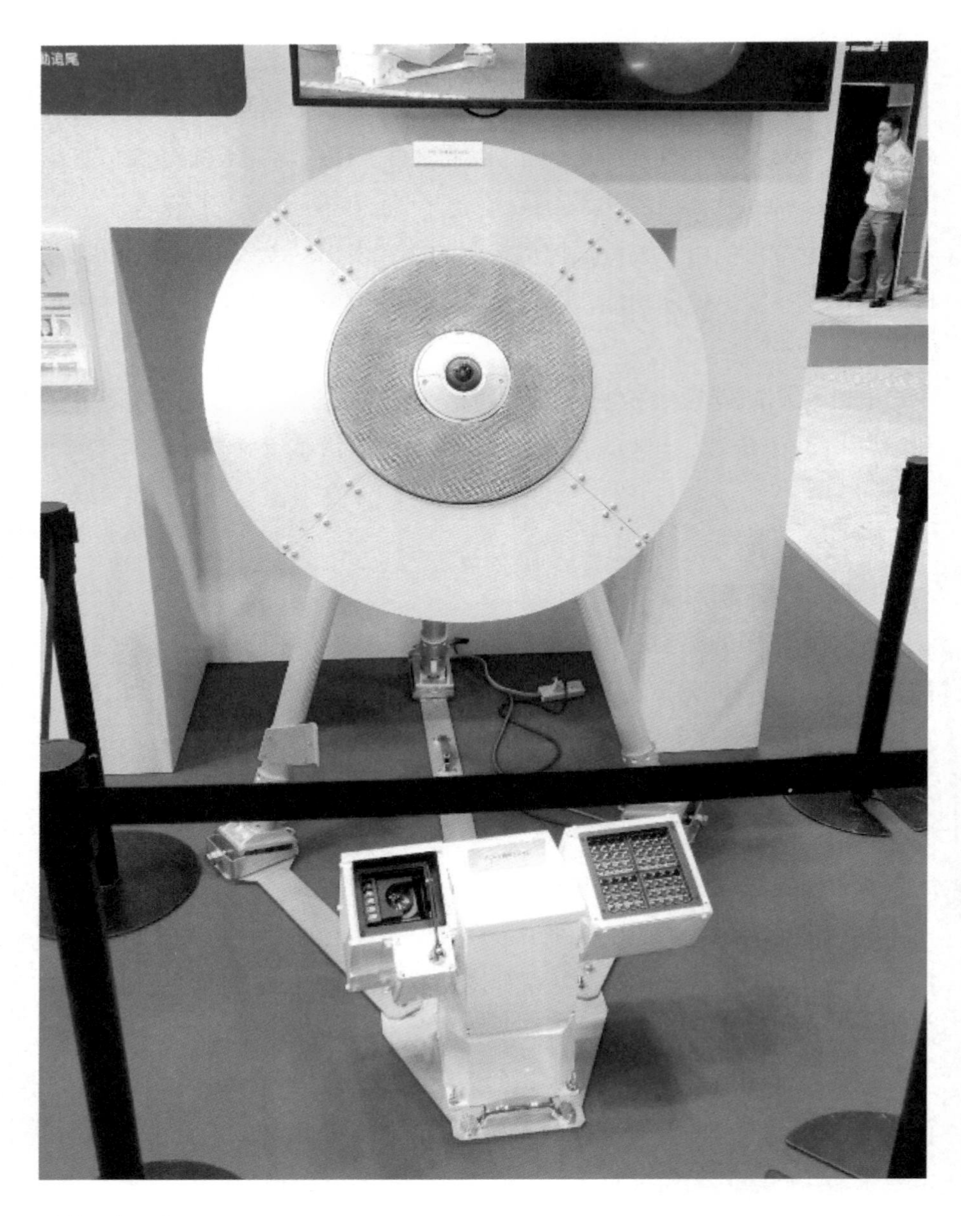

摄影：内田泰

图 7–8　松下公司开发的“无人机探测系统”

· 用于探测可疑人物的 AI 图像识别系统

从人群中发现可疑人物

举行多种赛事的体育场以及竞技场的室内安全性又该如何保证呢？像体育场这样封闭的空间，最可怕的就是大量人群拥挤至出口，无法移动，摔倒或被推搡，严重时甚至可能会出现人员伤亡。综合警备保障公司 ALSOK 正在尝试使用 AI 探测摄像机捕获“陷入困境的人”，进而提供快速救援。

此外，在大量的人群中，若想发现携带可疑物品的特定人物，并不是一件容易的事情。虽然东京奥运会赛场会像机场一样，在入口处进行行李检查和身体检查，但不排除有人会采取其他方式进入。

因此，场馆内也可以使用马拉松比赛中使用的可穿戴摄像机来拍摄影像，通过 AI 进行图像识别等的组合式安保系统。

此外，SECOM 还在研究其他探测手段，其中一项是着手研究人的特征性运动，以此找出爆炸物等可疑物体。

例如，当可疑人物试图将炸弹藏匿在垃圾箱里时，其动作有可能是相当慢的，至少不会像一般丢垃圾一样，站在垃圾箱前的姿势也可能与普通人有很大不同。如果可以探测到这些异于平常的行为，接下来就可以查找现场的可疑物了。

目前，每遇重大活动，现场的垃圾桶往往都会被搬移，但是还是会有易于藏匿东西的地方。通过监控摄像机监视这些易于藏匿的地方，非常重要。如果是垃圾桶的话，可以将人的动作分为四个阶段分析，“接近垃圾箱”、“丢弃垃圾”、“物色垃圾桶”、“保持长时间物色垃圾桶的动作和姿势（可能会放置可疑物体）”，然后依据具体结果依次提高警戒水平。

此外，从大范围的人群中找到可疑人物也变得可能了。例如，在冬季或花粉症季节，虽然戴口罩的人很多，但是连墨镜都戴着的话明显是“可疑的”。如果将戴有口罩和墨镜，“隐藏大部分脸部的人”作为检测对象，AI 图像识别系统可以从视频中选出符合者作为警戒对象。

出处：SECOM

图 7–9　探测疑似投放可疑物品人物的机制

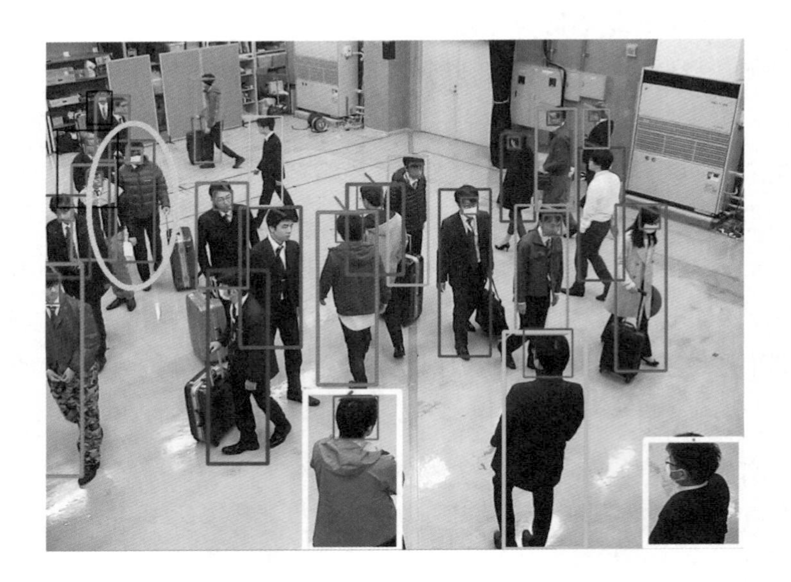

出处：SECOM

图 7–10　探测到戴着口罩和墨镜人物的实例

· AI 推测人群流量

检测人群的运动和拥挤状态

还有一种方法，可以检测到可疑个体或可疑物体，即在人群聚集的地方，如体育场等，如某个地方的人群突然开始出现异常行动的话，这种行动被称为“人群异常行为”，指人群的密度、运动的方向和运动的速度突然发生变化。

许多人突然从同一个地方逃跑的“异常逃跑”，或者是像小蜘蛛突然散开一样远离某地的动作，可以视为现场“发生异常事件的迹象”。如果能够第一时间发现人的密度、矢量和移动速度的突然变化，就有可能在早期发现某种事件的“震源地”，即用人群的流动行使“监视眼”的作用。

反之，如果一个团体一直停留在某个特定的地方，也可能是“制造事端的预兆”，如果摄像头捕捉到这样的团体，就可以提前保持警惕。

虽然使用相机的人脸识别也可以探测异常，但在人群拥挤的地方，相机往往无法清晰地拍摄脸部，补偿相机这种弱点的方法之一，就是对人群的异常行为进行分析。

人群分析的关键在于分析“人群”的移动方式、移动方向、拥挤程度等，即瞬间识别出人群的密度。

NEC 正在尝试使用深度学习进行人群分析，通过 AI 识别人群并掌握人群的行动和密度。他们准备了大量不同人数的图像作为数据，让 AI 学习，并依此来探测人群的移动和拥挤程度（密度）。

此外，NEC 目前还在研发“人群流量的估算”，它可以准确把握图像中人群的拥堵状态，以及人群的聚集区域，并根据人群的数量和移动（运动方向和速度）估算人流量。

东京新宿站的乘客量世界第一，在新宿站检票口附近路人的流量估算所做的实验结果显示，人数和前进方向的计数误差可以控制在 5% 左右。使用这项技术，可以确定每个区域的拥堵程度，在事故发生前采取措施，如发出警告，尽快启动交通管制，或派遣大量安保人员到达现场等。

摄影：川又英纪

图 7–11　NEC 的“人群异常行为”监测研究

出处：NEC

图 7–12　新宿车站早高峰的“人群流量预测”

· 排队时间预测

不管是直线还是 S 形队列均可正确估算

虽然不完全是安保的问题，但不仅在奥运会期间，在所有人群聚集的活动场所，都可能出现排队问题，特别是在女厕所前，往往会大排长队，如果在那里引入人群流量估算，可以引导人们去往空置厕所。

佳能公司正在研究如何进行“排队时间预测”。也就是说，准确地根据队列排队的人数和前进速度，计算等待时间，向继续排队的人提供信息，如此一来，至少能够安抚人群烦躁的情绪。而且，这个技术不仅对直线队伍，也可以对 S 形队列进行预测。

在东京奥运会期间，不仅是体育场，东京的餐馆和咖啡馆等各种场所都可能出现拥挤状况，因此，很多地方都可能需要排队，也许对公众而言，最熟悉和最有用的就是解决此类排队现象的图像分析了。

就安保工作而言，最关键的是安保人员。但目前的情况是，安保行业长期人手严重不足，最新的数据显示，行业需求是实际应聘人数的八倍。此外，东京奥运会期间，会场分散在东京、神奈川、埼玉、千叶县等地，每个场地都需要许多安保人员。根据 2013 年发布的奥运会规划文件显示，奥运会期间，除警方人员，还将有 1.4 万人被聘为民间安保人员，东京奥运会并没有“奥林匹克公园”这种聚集式体育设施。此外，还有许多比赛会使用公共道路，因此，届时会需要为数众多的安保人员。

鉴于这种情况，目前日本国内最大的两家安保公司 SECOM 和 ALSOK 于 2018 年 4 月宣布成立一个由几家私营安保公司组成的“东京 2020 年奥

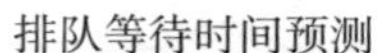

直线与 S 型的队列均可预测等待时间

出处：佳能公司

图 7–13　佳能研发的“排队时间预测”

运会、残奥会安保企业共同体”，预计有 14 家民间安保公司参与，接受东京奥运会赛场和非竞赛场的安保工作委托，主要工作内容涉及入场者的安检、巡逻防护、交通诱导等。

可以肯定的是，“保安机器人”也会被动员起来担负起体育馆和竞技场等室内场地的巡逻警备工作。SECOM 和 ALSOK 等公司都在自主研发保安机器人，并希望借助东京奥运会这个机会，普及其使用。

虽然“保安机器人”这一概念已经存在很长时间了,但从全球范围来看,实际使用的例子并不多。由 NTTDoCoMo Ventures 等出资、美国 Knightscope（NightScope）保安机器人公司研发的自主移动机器人“K5”已经在美国的一些购物中心和一部分公司内部开始使用。K5 内置四个摄像头，每个摄像头均能以 300 个 / 分钟的速度读取车牌号，并列出清单，其高约 160 厘米，宽 85 厘米，厚约 90 厘米，重 180 千克，移动最高时速为 4.8 千米 / 小时。

目前，这样的实用例子仍然很少，因此，东京奥运会可以说会成为保安机器人的早期市场，也是日本领先于世界的契机。

出处：Knightscope

图 7–14 （美）Knightscope 的自主移动警备机器人“K5”

· 自主移动监视机器人

检测爆炸物和危险物品

2018 年 3 月，在安全管理综合展览会“SECURITY SHOW 2018”上，SECOM 公司展示了其正在研发的两款机器人，分别是自主移动巡逻监视机器人“SECOM ROBOT X2”和可对话多功能机器人“SECOM ROBOT X3”。

X2 配有轮子，可以越过高度 5 厘米以内的台阶，使用充电式电池，一次充电里程为 3 千米，宽 84 厘米，厚 120 厘米，高 122.5 厘米（不包括手臂），重 230 千克。

图 7–15　自主移动巡逻监视机器人“SECOM ROBOT X2”

摄影：内田泰

图 7–16　使用 SECOM ROBOT X2 检查可疑物

X2 负责夜间或其他无人值守时的巡逻监视，手臂中内置各种传感器，可以用来检测可疑的废弃物和垃圾桶。X2 的最上部为 360 度全方位的摄像头，前后左右还各自搭载立体摄像头进行拍摄，图像不仅会存储于机器人中，还会实时传输到安全监控室。手臂中内置 TOF 摄像机、热图像传感器和金属探测器，在测量物体距离的同时，检测是否含有爆炸物和危险物品。

若想在 GPS 等无线电波无法到达的室内环境中实现自主移动，需配备 SLAM（Simu Itaneous Localization and Mapping）功能，也就是自动驾驶技术，即根据传感器信息实时创建现场地图，并根据预先登记的地图信息来估计自身位置。地图的制作，是通过覆盖前方 30 米和水平方向 190 度的 LiDAR（Light Detection and Ranging，激光扫描仪）与立体摄像头拍摄的图像相结合完成的，此外，它还配备有超声波传感器，能够透过玻璃进行激光检测。

· **向导机器人**

配备 AED，显示操作方法

SECOM 公司的机器人 X3 是强调向导功能的多功能机器人，采用了本田开发的姿态控制和全方位驱动车轮机制等技术，即使在拥挤的场所也能够安全运行，X3 除前后左右移动之外，还可以斜方移动和原地转圈。

X3 还具有面部识别功能，并且搭载着能够投影到前面和地板上的投影仪，因此除了完成安保工作，还可以做向导，或者协助寻找迷路的孩子。其背部还配有 AED（自动体外除颤仪），当发现有人倒地不起时，X3 会通知监控中心，与此同时，安装在 X3 下部的程序能够将 AED 的操作方法投影在地板上，协助现场的人使用。

X3 前面有 TOF 摄像头和全方位摄像头，前后左右各一台立体摄像头，前后两台全高清摄像头，同时还配有麦克风和扬声器，出于安全考虑，将其设计成垂直形状，碰到人时它会先倒地。长 46 厘米，厚 57 厘米，高 135 厘米，总重 80 千克，其中 AED 重 3 千克。

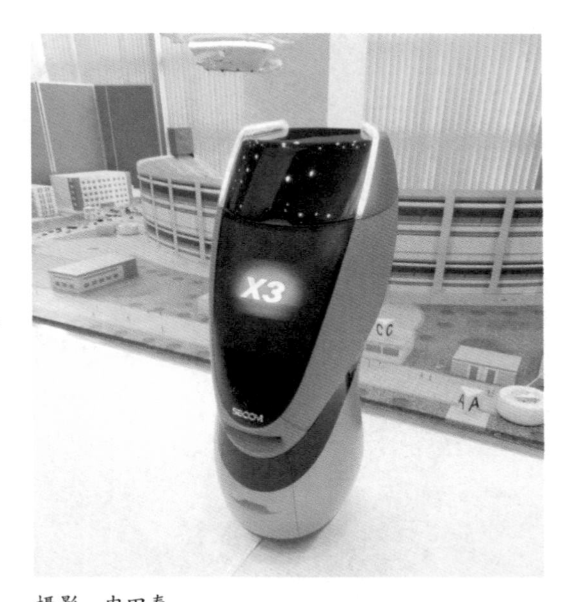

摄影：内田泰

图 7–17　SECOM 正在研发的可对话多功能机器人“SECOM ROBOT X3”

为了迎接 2020 年奥运会，SECOM 正在整合 X2 和 X3 的功能，计划为 X3 追加各种内容，还将配置 AI 功能，通过 AI 从巡视图像中找到可疑的个体。

· 保安机器人

通过面部识别发现可疑个体和特定人员

ALSOK 公司一边在改良 2015 年 4 月发布的保安机器人“Reborg-X”，一边在计划为了迎接 2020 年奥运会，增加该款机器人的现场实践。

Reborg-X 高 145 厘米，厚 70 厘米，宽 70 厘米。重 140 千克，最大移动速度为 60 厘米 / 秒。

公司计划为 Reborg-X 搭载 SLAM 功能，通过记忆场馆内的地图，实现在设定区域内自动巡逻的功能。目前优先考虑的是其行走的准确性，让它通过观看天花板上的贴纸，一边确认自己的位置，一边行走。共配有两台 LIDAR（水平 180 度），一台超声波传感器，一台高度检测传感器，前

出处：ALSOK

图 7-18　ALSOK 的自主移动保安机器人“Reborg-X”

后两个摄像头。

Reborg-X 在巡逻过程中，会将所摄图像发送到监控室，通过检测区域内的入侵者和面部识别技术来发现可疑个人和特定人员。相机内置在接近人眼高度的 120 厘米处，能够拍摄面部图像且图像识别的精度较高，其内置带触摸面板等的液晶显示器，因此，除安保外，还具有来客访问时的向导功能。

据 ALSOK 称，Reborg-X 现已用于住宅展览厅、地下购物中心、钢琴经销商、富士急游乐场等场所，根据场所不同，还可用于夜间巡逻安保。

· 搭载自主研发 LiDAR 的自主移动安全机器人

即使在人群中也可移动

初创公司 SEQSENSE 自主研发了 LiDAR 技术，目前正在研发搭载该技术的自主移动保安机器人 SQ-2。该公司研发的 LiDAR 可以清晰扫描的范围为 1 米，垂直方向视角宽达 100 度，可以扫描旁边 1 米处的身高 180 厘米的人的全身。因此，即使被人群包围，也可以从视线开阔的上方信息中创建一个地图，并实现自主移动。

现有的 LiDAR 技术由于基本考虑使用于汽车，旨在缩小视角，查看百米之外的距离，因此，垂直方向视角仅为 20 度 ~30 度，如果配备这样的窄角 LiDAR，机器人被人群包围时，可能会无法定位。

如果仅仅是完成几乎没有人的夜晚巡逻警备工作，这样窄视角的 LiDAR 当然没有太大的问题，但是，如果把白天或晚饭时人群混杂的时间带也交给保安机器人的话，如让其为路人做向导，或者寻找走失儿童的话，就需要它既能够自主行走，又不会撞到行人。

黒田洋司先生于 2016 年 10 月成立了 SEQSENSE 公司，是 SEQSENSE 的联合创始人兼首席技术官，同时也是明治大学理工学部的教授。从 2018 年秋季开始，SEQSENSE 的主要开发者和总承包商使用 SQ-2 的商业原型进入实证实验阶段，并且希望 2019 年实现 SQ-2 的商业化。

目前的 SQ-2 实验机体高 130 厘米，直径 55 厘米，以 3~4 千米 / 小时的速度移动，除了配有 LiDAR，它还配有红外线传感器和超声波传感器，用于检测爆炸物等热源，以及包括三个全方位摄像头的共 4 台摄像头。商品版应该搭载什么样的传感器，还需要通过现场试验来最终确定。

出处：SEQSENSE

图 7-19　配有近距离广视角的自主研发 LiDAR 技术的“SQ-2”

此外，目前的开发还希望通过使用 AI 的图像分析，发现与日常状况不同的变化，并向监控中心报告，例如未预先在地图上注册的可疑对象等。

涉及保安机器人开发的各个公司认为，在安保人员不足的情况下，将巡逻警备委派给机器人的益处是很大的。SECOM 解释称：“不会仅仅依靠机器人的，最后的确认还是需要安保人员做出。但是，部署机器人能够对犯罪起到威慑作用，而且也可以监控固定摄像头和人眼监控的盲区。”

由于保安机器人是一边移动，一边以人眼的高度摄像，不存在固定摄像头的盲点问题，因此，它的存在本身，就会对犯罪产生威慑作用。此外，机器人还可以检测安保人员无法处理的有害物质，如爆炸物等，其使用的意义还是非常大的。

日本是一个岛国，国外恐怖分子只能通过机场或海岸入侵。机场既制定了严格的安保制度，又是有重点地进行防范，其安全性还是有保障的，但沿海地区的安保并不像机场那样牢固，可以入侵的物理范围非常广泛，大海可以说是打击恐怖主义的最大“死角”。

来自海洋上的袭击是多种多样的。例如，恐怖分子通过船只接近，控制监控之后着陆；使用船只攻击沿海设施；狙击原油等能源的运输船只和客船等。

2020年东京奥运会有一些比赛会在海边进行，如游泳、皮划艇等，与正常情况相比，遭遇海上恐怖袭击的风险将会增加，因此，在加强传统的海上安保的同时，还需要辅之以最新技术的使用。

·水下声音海岸监测系统

防止可疑人员从海上入侵

OKI公司是利用最新的传感器技术开发沿海地区警备系统的公司，该公司于2017年12月发布了“水下声音海岸监测系统”，该系统用于检测沿海是否有可疑对象入侵，主要用于港口、沿海场馆和海上工厂等重要场地。

OKI的系统能够检测到潜水员和水下推动器在水中发出的声音，如果设置条件良好的话，其探测距离可达数公里。

该系统浓缩了OKI公司历时80多年的研发成果，是一个非常专业的、能够检测、分析水中对象物的系统。例如，为接收水中声波，将麦克风作成面式，或使用“水下水听器阵列”，利用“波束成形”技术，为麦克风的接收范围提供方向性，提高检测能力。

接收和分析由潜水员等水下对象发出声音的方法被称为“被动方式”，由于检测系统不会发出声波，因此不太容易被对方发现。

引入这些系统的海岸警备安保公司或场所的管理层，都在考虑多种传感器和视频监视的组合使用，这应该是一个必然的选择，根据海底和沿海地区的地形，以及可能检测到的入侵者类型，引入的设备和系统会有所不同。

OKI于2017年12月开始提供评价系统，该系统可以实验性评估设备的效果和引入方法。该公司的同集团公司 OKI Seatech 在骏河湾拥有测量设备作为实验环境，可在距离陆地 400 米的水中进行验证。据该公司称，在非官方公司里，这个设备是日本国内唯一的。

出处：OKI

图 7–20　OKI Seatech 在骏河湾的测量设备

· 港湾监控网络系统

使用深度学习分析声音

为了支持沿海警备，NEC 提供的是“港湾监控网络系统”，该系统配备了“主动方式”的传感器，主动方式是指在水中发射声波并检测和分析遇到物体反弹回的声音。其测量距离因安装的传感器数量和位置而不同，最远的距离可达离岸数公里之外。

通过检测反射音，容易判断出目标潜水员的距离和方位。当系统检测到可疑对象时，监视屏幕上会实时显示对象的位置和移动，并根据其现有位置和移动速度估算一段时间后的位置以及到达海岸所需时间。

分析接收到的反射音并检测对象物体，需要非常先进的分析技术。声波的传播路径会随着频率、水温、水压、盐浓度等条件发生变化，季节和时间带的变化，也会影响水下环境，因此，可探测距离随时都有可能发生变化。

分析声波，还必须考虑混响，即从海底或海面反射的声波。混响会削弱来自待检测物体反射声的强度，除此之外，还必须清除除入侵者以外的其他生物发出的杂音。

NEC 不仅可以分析声波，还能够根据声波在水下传播的方式和水下环境的变化进行计算机模拟，通过在计算机上输入水温和海底深度等条件，可以进行假设实验。此外，使用深度学习分析水中的声波，消除混响。

出处：NEC

图 7–21　在水下接收和分析声波的传感器示例

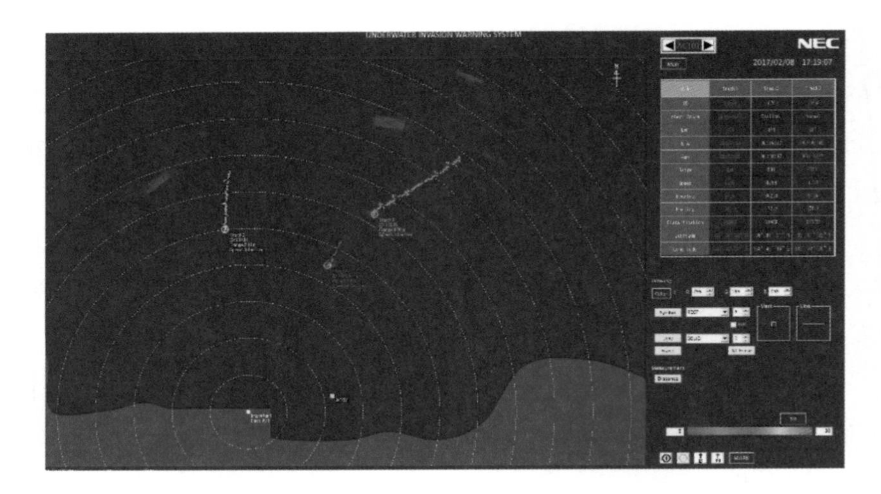

出处：NEC

图 7–22　在监视屏幕上实时显示检测到的对象的位置和移动

防御设备

用硬件保护生命安全和重要设施

森田敦子 日经×TECH、日经建筑

安全保障需要专业的安保人员和各种技术，但各类硬件也非常重要，比如防止车辆进入的 Rising Bollard 和核避难所。

· 不会坏的 Rising Bollard

控制失控车辆，使其无法运行

Rising Bollard 指的是能够自动上下移动的短柱（车挡）。日本神奈川县小田原市的 KOEI 工业生产的钢制 Rising Bollard，能够有效阻止失控的车辆冲入人群和重要场所，使其无法运行，防止因车辆失控引起恐怖袭击或事故。

出处：KOEI 工业

图 7–23　日本中部国际机场滑翔道前安装的“Hard Post”

该公司研发的“Hard Post EP–354A（K2）”能够停止速度 80 千米 / 小时、总重量为 6~8 吨的中型卡车，使其在 1 米内被迫停车。该公司产品的性能相当于美国国务院车辆防护标准 K–12 等级的产品，目前已应用于美国国务院和日本中部国际机场等国内外的重要场所。

Hard Post 设备的构成是碳钢管，使用电镀防锈，直径为 35.4 厘米，中间间隔为 90 厘米，高度有三种不同规格，分别为 95 厘米，70 厘米，65 厘米，规格为 95 厘米的每个重达 850 千克。

其升降方式为电动升降，无论高度如何，高速型产品能够在 1 秒内下降，1.8 秒内上升，可以轻松应对紧急情况。操作方法分为按钮式、遥控式、传感器式，可根据场所需求进行选择。

KOEI 工业成立于 1970 年，是一家电子控制设备和测量设备制造商。该公司活用制动器技术，于 2001 年生产出了电动升降的车挡，并将其设置在本公司的新建销售处。当时的车挡，由于后来的冲撞事故损坏无法使用了。

此后，该公司凭借已有经验继续开发 Rising Bollard，目标是创造出“撞不坏的车挡”。在进行全球标准调查的过程中，该公司了解到美国国务院制定过防止车辆冲撞标准，该标准制定于 1985 年，原本是针对行驶车辆设定的道路护栏标准，2003 年 3 月进行了修订。修改为以 80 千米 / 小时、65 千米 / 小时、50 千米 / 小时速度行驶的各类车辆，在撞到防护栏之后均需在 1 米之内停下来，这样才能保证即使在防护栏距离建筑物很近的情况下也能够防止建筑物受损。

KOEI 工业根据新标准开始研发，并于 2004 年 3 月将产品运往美国实验机构，挑战中型卡车的冲撞实验。实验结果显示，其产品不仅满足标准，而且试验后四个短柱中仍有三个能够电动升降，这令美国实验机构感到震惊。随后，该公司将实验所用 Rising Bollard 运回日本，并将其设置在本公司的销售处。这些 Rising Bollard 虽带着中型卡车碰撞留下的伤痕，但仍然能够顺滑地电动升降。

谈及费用，以安装在美国军用地区的双车道六个 K–12 为例，包括控制面板等产品在内，引入成本约为3500万日元，这其中还包括基础建设和电气安装等成本，施工和维护不需要特殊技术。

该公司还开发了一种可以临时用于大型活动的自主移动式路障“Excalibur”，宽约2米，重量2吨，其原理是下推钢制护栏至地面并在车辆冲撞时顶住，自主移动速度最高可达1.4米/秒，可以远程操作，与人力搬运路障相比，可以减少安保人员的危险。除了已经卖给重要部门的几台之外，该公司还自拥三台，可用于短期出租。

“Excalibur”也活跃在2010年的横滨APEC会议上，虽然它不像设置于美国国务院的Rising Bollard那样具有强大的防御性，但仍有不凡的威慑作用，预计会在东京奥运会上出现。

摄影：森田敦子

图7-24 美国实验时所用车挡

·家用核避难所

保证爆炸时的密闭性

近年来，由于朝鲜研制核武器的压力，日本的住宅市场产生了新的设备需求，即家用核避难所。

为应对朝鲜发射弹道导弹，日本国家政府与地方政府展开合作，建立了全国性瞬时预警系统（J 警报）。收到导弹发射的消息时，会通过手机和防灾电台发出警报，建议市民撤离到附近坚固建筑物内或地下。

但是，在独栋式住宅区，可供居民使用的避难场所并不太多。据日本核避难所协会的调查显示，瑞士、以色列等国家的核避难所已经普及，能够容纳全部的人口，但日本的核避难所只能够容纳人口的 0.002%。

基于这一现实，有些建筑公司发现了商机，开始着眼于满足核避难所需求的增加。其中位于九州的、从事定制住宅和住宅用地开发的七吕（shichiro）建筑公司，从 2017 年 11 月开始进口和销售美国大型避难设备制造商 Atlas Survival Shelters 的产品。

Atlas Survival Shelters 公司的避难设备是根据美国联邦应急管理署（FEMA）建立的避难所相关标准设计的，目前已出口到世界上十多个国家。七吕建筑公司属于日本国内首次引进，目前从订购、进口到设置大约需要半年时间。

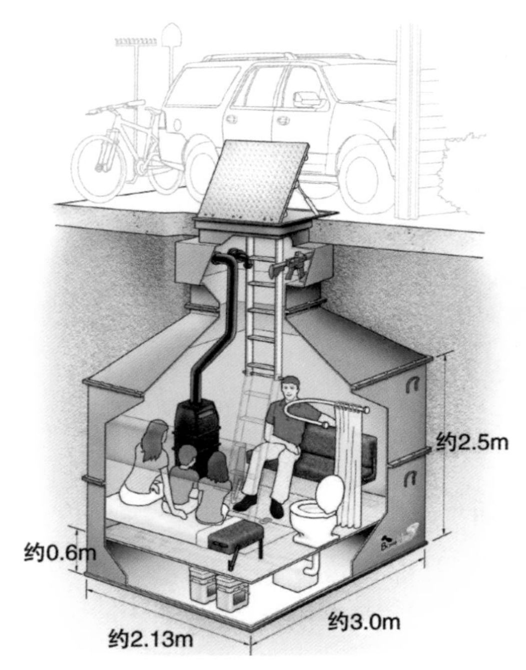

出处：七吕建筑

图 7–25　七吕（shichiro）建筑公司进口、销售的家庭用核避难所示意图

核避难所能够在核爆炸期间保持密闭性。发生核爆炸时，气压会随着冲击波急剧上升，然后，随着冲击波的不断消失，气压也会迅速下降。关闭安装在核避难所中的“防爆阀”，可防止因气压急速变动带来的热空气和外部空气的进入，该阀门最高可承受 730 千帕的压力。

该防爆阀中，有分别控制开关设备内外部的阀门，可以通过控制阀门来适应气压的持续变化。爆炸时外部气压变高，可关闭外阀，打开内阀，随着爆炸停止，气压下降，可打开外阀，关闭内阀。

当气压变化稳定后，打开防爆阀，允许外部空气通过空气过滤系统进入密封的避难所。调节安装在排气口的“超压安全阀”，使排气量少于吸气量，保证避难所内部气压高于大气压，因为只能吸入空气，从而确保了外部空气只能通过空气过滤系统进入。

出处：七吕建筑

图 7-26　核避难所中配备的空气过滤系统

空气过滤系统使用的是相当于无尘室水平的过滤器，据说不仅可以净化放射性物质，还可以净化被沙林、神经毒气、化学武器等污染的空气。污染状态下，过滤器的更换时间为 30 天，正常情况下为 3 年。

空气过滤系统需要电源。安装核避难所时，可以使用家用电源供电，但发生灾难时很有可能无法使用家用电源，因此，该系统还配备电池供电，在充满电的情况下，可持续工作 16~24 小时，在电源被切断的情况下，也可以不使用电源，通过手动转动曲柄吸入已过滤空气，曲柄重量轻，即使是六岁的孩子也可以转动，以每秒一次的速度转动时，每分钟可以过滤并吸入 1.7 立方米的空气，因此，只要定期转动曲柄，就不会出现缺氧情况。

核避难所的地板下可以存放两周的生活必需品，除了水、抗灾食品和收音机等防灾用品外，七吕建筑还销售以色列制防毒面具和防护服作为标准装备，以保护人体免受放射性物质和化学物质的侵害。购买者可以选择将水槽设置在设备的地板下面，并且还可以在室内安装马桶，七吕建筑从卫生的角度出发，配备的是可以使用凝固剂处理的、遇到灾难等时候专用的马桶。

安装在地下的核避难所有两种类型：一种是舱门位于房间正上方，另外一种则是在出入口和房屋的客厅相连。海外销售的设备宽 2.43 米，深 3.04~9.14 米，外壁为钢制，厚 5 毫米，舱门承载能力为 8 吨，且为内开式，因此，即使被埋住也可以打开。为了适合日本的狭窄住宅，还为日本市场准备了宽 2.13 米，深 3.04~6.09 米的型号。

核避难所 BOMBNADO 宽 2.43 米，深 3.04 米，内部可以容纳三张床，包含施工费在内，共需约 1500 万日元。

BOMBNADO 高达 4.3 米，因此在设置时，需要向地下挖 5 米，如果地下水位高，则无法施工，因此还需要事先确认地基。此外，如果占地面积超过 10 平方米，日本国内则需要确认申请。

除了埋在地下的核避难所外，还有一些核避难所可以设置于室内。如果是住在不能设置地下避难所的公寓，可以选择室内型，或者选择在加强了密闭性的房间，安装空气过滤系统，也可以达到保护家人的效果，免受放射性物质的侵害。

出处：七吕建筑

图 7–27　核避难所安装场景

摄影：村田 和聪

连接知识工作者

斯图尔特·巴特菲尔德　美 Slack·Technologies CEO

（为了提高生产力）投资的对象正在向知识工作者扩展。由于个人电脑和智能手机的普及，过去需要昂贵机器和专业知识的智力工作，现在普通员工也能够从事，换句话说，现在是智能超级英雄诞生的时代。我认为在未来十年内，所有知识生产者都将使用商务聊天工具。

第 8 章

展望未来的技术

· 商用无人机

用于航测、农业、外墙调查

无人机（小型无人机）的商业用途正在不断扩大。例如，在航拍或摄影测量的三维测量中，使用配备有激光扫描仪的无人机，向地面照射近红外激光，根据反射激光的时间差来测量地形，即使树木生长茂盛的地带，也可以获得地面的三维坐标。而且，可以通过搭载扫描仪，高精度 GNSS（使用 GPS 等卫星定位系统的总称），测量机体姿态和加速度的 IMU（惯性测量装置）等来计算坐标。日本国土交通省也在推进“陆地和水下激光无人机”的开发计划，以便应用到河流管理等方面。

在农业方面，无人机可以用于调查农作物的生长情况和喷洒农药。例如，千叶县香取市的“高桥梨园”就通过使用无人机，检查栽培区域保护网的破损情况以及树叶的生长状况，负责人通过确认无人机所拍摄的图像数据，一旦发现问题，就会立刻赶往现场检查。

无人机还可以用于调查建筑物外墙的损坏情况，例如，静冈县使用无人机调查了藤枝政府大楼主楼的外墙状况。该无人机搭载 4K 摄像机和红

出处：高桥梨园

图 8–1　正在操纵无人机的高桥梨园园主高桥章浩

摄影：谷口惠

图 8–2　静冈县使用无人机调查外壁情况

外线摄像机，利用 4K 摄像机拍摄的图像确定外墙的破裂和损毁情况，并通过红外线摄像机的图像，测量外壁的表面温度，并根据表面温度差估算装饰材料的浮动和预测剥离部分。

（野中贤：日经 Contruction，谷口惠：日经建筑，协助：冈田薰）

· AI 专用处理器

边缘推论，云端学习

世界各地的公司正在争相开发能够高速进行人工智能推理和学习的专用处理器。最大的半导体公司——美国英特尔，以及韩国的三星电子、美国的谷歌、美国的苹果、美国的微软、中国的阿里巴巴等都位列其中。AI 处理器对于 IoT 的边缘设备（现场的设备或人使用的终端）和收集处理数据的云智能都是必需的，并且各方所需的特性又有所不同，因此，需要各自开发。

对于边缘设备，AI 处理器需要为设备带来深度神经网络的高识别能力。利用直接连接到传感器的 AI 处理器进行高精度模式识别，能够进行过去无法操作的控制和信息处理，如可识别可疑个体的监视相机。通过各种传感器和 AI 处理器的组合，边缘设备增强了感知能力。另一方面，对于云智能而言，AI 处理器需要的性能是，维持大规模且复杂的深度神经网络，以具备高速学习庞大数据的能力。

边缘设备的目标，在于实现支援和替换物理空间中的人类，如个人助手、家用机器人、自动驾驶车辆和工厂工作等。目前的前景是，预计在 2020 年左右，实现自主移动技术。例如，市场中将会陆续出现通过传感器识别外部世界，实现自动驾驶的车辆和无人机，在工厂内自主移动的机器人，以及自动判断自身故障的机床等。预计在 21 世纪 20 年代中期，有可能实现像人类一样的复杂运动技术。而到了 2030 年左右，可能会实现由无数能够预测人类行动的机器共同完成各项任务。

云智能方面则是继续发展图像和语音等识别功能，并发展用自然的语言进行交谈的能力，目前，在特定领域的对话能力已接近人类。预计到 21 世纪 20 年代前半期，实现与人类相媲美的、不限制主题范围的一般对话能力。有观点认为，到 20 年代中期，云智能方面的 AI 处理器能够实现通过抽象思维、类比和自主学习来成长和改造自己的能力。

（加藤雅浩：日经×TECH、日经电子，大石基之：日经×TECH）

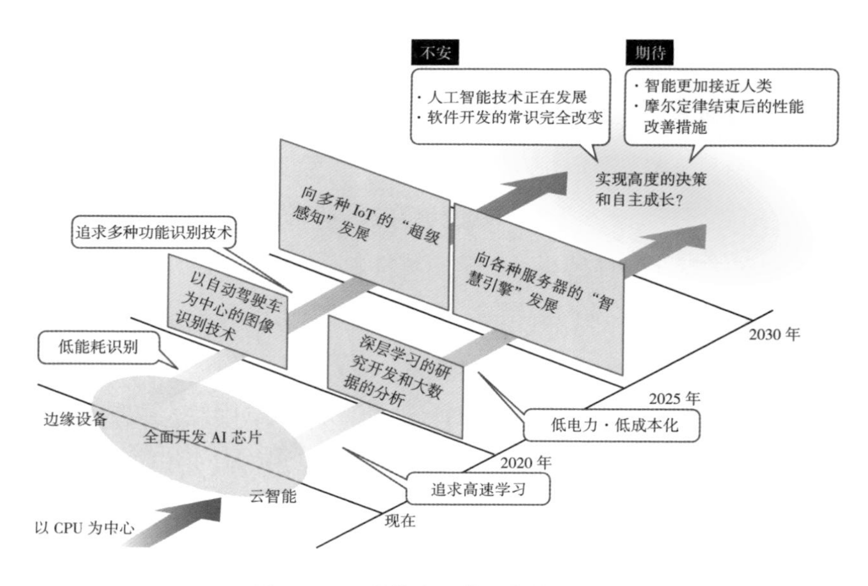

图 8–3　AI 芯片发展的两个前进方向

· 使用二维码支付

来自中国的新浪潮

中国正在进入无现金阶段，使用“二维码”支付已遍布日常生活的方方面面，比如餐厅和小卖店等的结算，以及朋友之间的转账等。由日本 DensoWave 公司开发的二维码，在中国作为结算方式蓬勃发展起来，其中的领军者是“支付宝（AliPay）”和“微信支付（WeChat Pay）”。AliPay 为阿里巴巴集团的 EC（电子商务）网站“淘宝”提供支付方式，在中国有 6 亿多用户，可用于 200 多万家商店。WeChat Pay 则是一种基于即时通信 APP“微信”的支付方式。目前有些日本大型连锁店也导入了二维码支付，为在日本的中国游客提供相同的结算方法，以促进购买。

此外，日本互联网公司也开始使用二维码支付，以乐天使用二维码支付的“乐天 Pay”为开端，LINE 也开发了支付服务“LINEPay”，使用二维码作为支付手段之一。Softbank 集团与印度 Paytm 合作，并加速“PayPay”在日本的推广。

图 8–4　乐天的“乐天 Pay”搭载了二维码支付功能

使用二维码支付的用户通过操作智能手机的应用程序，在屏幕上显示二维码，商家通过平板终端的相机扫描该二维码，实现支付，也可以通过商家显示二维码，顾客用自己智能手机的相机扫描支付。

商家即使在没有刷卡机等的情况下，仅通过智能手机或平板电脑，就可以实现结算，从而改变了结算环境。比之信用卡等结算方式，降低了引入成本，一旦调整了 POS（销售终端）机，就可以同时引入多个公司的二维码支付服务了。

如果商家加快引进，消费者感受到不带钱包也能支付的魅力，从而促进普及，那么作为仅次于信用卡和电子货币的“第三种非现金支付”方式，在日本国内，也可能实现普遍的二维码支付。

（原隆：日经×TECH、日经 FinTech）

· IoT 工场

收集从前无法获取的数据，提高生产力

IoT 工场是新的经营方式，即经营者通过通信网络连接各种设备、生产线、生产设施和工厂等，以此收集数据，使用人工智能（AI）等进行分析，展开运营。

丰田汽车位于爱知县丰田市的高冈工厂，在压制车身部件的过程中，将材料放入压模机之前，先使用传感器测量影响成型的特征值，例如板压力等，通过与阈值比较，判断是否应将材料放入，根据测量结果分析数据并改进材料和成型设备。过去，只能通过成型后的肉眼检查发现存在的缺陷，并且每次出现缺陷产品时，都需要对材料、模具和设备进行调查，这在很大程度上需要依赖操作者个人的能力。

机床制造商 Yamazaki Mazak 将 iSMART 工厂推广到世界各地，即通过网络把生产设备连接了起来。毗邻该公司总部的大口制作所就是连接了机床等生产设备，因而能够实时掌握现场数据，并通过分析数据，准确掌握设施利用率和维护设备的最佳时机。与此同时，大口制作所还通过使用机器人，节省了劳动力。

图 8-5　使用互联网连接机床的 Yamazaki Mazak 的大口制作所

DENSO 致力于到 2020 年，实现全球 130 家工厂联动，与 2015 年相比，预计生产率将提高 30%。该公司把熟知工厂设备和生产的人才称作“懂生产的人”，并收集这些人才的数据进行分析，以期提高生产效率。

Panasonic Ecology Systems 是一家开发和生产通风机、抽油烟机、隧道喷射风机等产品的公司，其生产子公司 Panasonic Ecosystems Ventec 的小矢部工场和松下生态系统为促进共同发展，缩短生产周期和交货时间，构建了一个共享订单信息的系统，信息能够立即流向生产零件的子公司，如果出现生产延迟的情况，也能够及时作出处理。

（山田刚良：日经×TECH、日经制造）

· 固态电池

可提升电动汽车性能的创新型电池

固态电池是一种新型电池，正负极之间流动的电解质为固体材料。传统电池的电解质则是有机电解液。

固态电池被认为有望取代目前智能手机和电动汽车（EV）使用的锂离

子电池，许多正在开发固态电池的制造商表示，将在 2020 至 2025 年左右进入市场，因为电动汽车有望在这个时期全面普及。与此同时，固态电池也会进入市场。丰田在 2017 年秋季宣布，“将在本世纪 20 年代前半期实现固态电池的实际使用”。

许多海外公司也开始采取了行动，英国家电制造商 Dyson 计划在 2020 年推出使用固态电池的电动汽车，德国大众汽车向美国电池企业 QuantumScape 投资 1 亿美元，计划在 2025 年实现使用固态电池的电动汽车的实际使用。德国宝马也与美国的固态电池企业 Solid power 展开了合作。

固态电池使用固体材料作为电解质，备受关注，其比锂离子电池具有更多的技术优势。首先，固态电池安全性高，不会发生泄漏，无挥发成分，即使有也很难被点燃，再加上固态电解质是硬的，因此，在电极上沉淀的树枝状晶体造成正负极短路的可能性很小。在高温和低温等恶劣环境下，其性能也不会受损，即使在 100 摄氏度的高温下也能够正常工作，在零下 30 摄氏度的低温下，性能也优于锂离子电池。

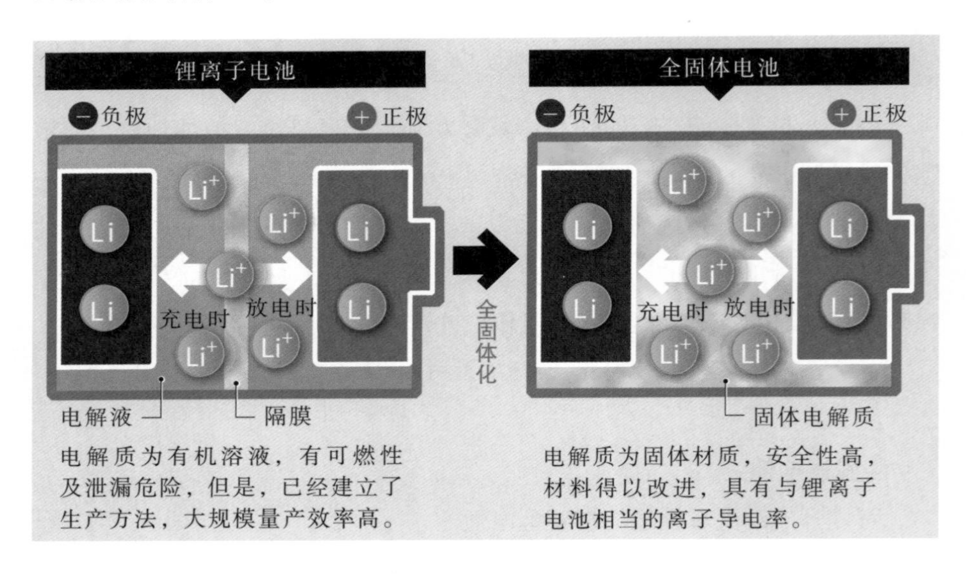

图 8–6　固态电池和锂离子电池的比较

由于固态电池极具发展潜力，40年前在日本国内外即开始了广泛的研发，尽管花费了时间，但目前其基本性能已优于锂离子电池，并且开发实例在不断出现。例如，丰田汽车公司和东京工业大学共同成功地制造了一种固态电池，其能量密度为现有锂离子电池的两倍，输出密度是锂离子电池的三倍以上。如果将这种电池安装在电动汽车中，据称有可能在约三分钟内完成充电，如此一来，在不增加电池存储容量和能量容量的前提下，只通过增加充电频率，即可实现大幅增加移动里程的目的，同时也能够减轻车辆的重量并降低价格。目前的问题点在于如何缩短制造时间和实现大规模生产。

（野泽哲生：日经×TECH、日经电子）

· 金属3D打印机

打印金属零件

3D打印机的优点有以下几点：1.易于创建复杂形状，2.改变形状时对成本和时间的影响小，3.3D数据可以直接用于造型。之前一直使用树脂塑形三维物体，但是现在可以使用金属塑形，自然引发了广泛关注。

美国Desktop Metal金属3D打印机制造商成立于2015年，其目前开发了两种金属3D打印机，一种是可以安装在办公室中的小型打印机，另一种则是面向大规模生产的大型打印机。小型打印机包括桌面大小的小型打印机和烧结成型设备等，先打印造型后，再烧结成型。而大型打印机则包括一系列的处理过程，如扫描造型，铺设、压实金属粉末，涂抹粘合剂，通过陶瓷粉末形成非烧结层，以及造型层的干燥处理等。

Desktop Metal投资者Stratasys表示，“在设计和制造过程中，使用3D打印机的公司不仅会使用树脂成型，也希望使用金属成型。在办公环境和实际生产环境中，如果可以同时制造树脂零件和金属零件，就会大大缩短产品开发的周期。”

图 8–7 美国 Desktop Metal 的小型 3D 打印机“DM Studio Printer”

大型企业通用电气（GE）就在使用金属 3D 打印机生产飞机发动机零件，该公司表示，“3D 打印技术能够随时随地打印零件，可以显著改变制造业的整个生态系统，包括供应链”。

通用电气相继收购了瑞典的 Arkham 以及德国的 Concept · Laser 两家金属 3D 打印机制造商，两家公司开发的均是粉末床熔融结合的金属 3D 打印机，粉末床熔融结合是指选择性地加热平铺的金属粉末并熔融结合，不断重复堆层的过程。通用电气公司收购这两家公司的金额高达十数亿美元。

GE 除了收购这两家公司外，迄今已投入 15 亿美元用于 3D 打印技术相关的研发，该公司的预期是，在未来十年内，通过 3D 打印技术的使用，降低 30 亿至 50 亿美元的成本。

（中山力：日经×TECH、日经制造）

· 协作机器人

不设置安全栏，在旁辅助人类

目前，“协作机器人”的使用正在不断扩大。“协作机器人”是指无须设置安全栏，在人类旁边工作的机器人。其使用的目的或在于减轻工人的工作负荷，或在于让没太接触过机器人的人也可利用，并可能在较短时间内移动生产线，以减少生产空间。

目前德国宝马公司正在使用德国库卡（KUKA）的协作机器人，用于齿轮零件安装。原来的安装方法是工人抬起大约 4.7 千克的齿轮，将其安装在基座上，有可能会发生工人受伤或齿轮的齿受损的情况，而使用协作机器人，能够在保证人身安全的同时，防止齿轮的齿受损。资生堂也引入了 Kawada Robotics 的双臂式协作机器人“Nextage”，用于粉末化妆品的装箱工作，现已涉及 20 多种化妆品的装箱工作，实现了在相同的空间内，机器人和人类分工协同工作。日立家电也在使用丹麦 Universal Robots 制造的协作机器人生产家用电饭煲内盖。上述机器人的使用，都促进了生产的进步，提高了生产力。

协作机器人的使用始于德国等欧洲国家，自 2015 年日本国内建立和修改了工业标准之后，以此为契机，日本机器人制造商也开始推出协作型机器人产品。根据标准，确定没有超过一定水平的危险的话，则可以在没有安全栏的情况下使用满足预定条件的机器人。

图 8–8 德国宝马公司生产现场使用协作机器人“LBR iiwa”

图 8–9　资生堂掛川工场导入的两台协作机器人“Nextage”

（吉田胜：日经×TECH、日经制造）

· 量子计算机

IT 巨头竞相研究

量子计算机是指使用量子力学原理计算的计算机。经典计算机处理的数据叫比特，比特是 0 或者 1，处理的数据就是 0、1 串，即“0”和“1”的组合，但是量子计算机则可以在“0”和“1”叠加的状态下，同时执行大量组合的计算。

例如，在 2017 年 5 月 IBM 试做出了一台配备 17 个“量子比特”的量子计算机处理器。因为配有 17 个量子比特，可以一次执行多达 2 的 17 次方，即 131072 次计算。IBM 的量子计算机被称为“量子门方式”，如果开发出类似于经典计算机的算法，它就可以应用于多种领域，在量子门方式中，IBM 也采用了“超导量子比特型”，就是将超导电路中的电流方向表示为“0”和“1”。

除 IBM 外，Google、英特尔和微软等商业巨头也在进行量子门方式的研究。Google 邀请加利福尼亚大学圣塔芭芭拉分校的量子门方式权威 John

Martinis 教授加入了研究小组，英特尔致力于开发利用半导体微加工技术的量子计算机，美国微软则开发了处理器使用“拓扑材料”的量子计算机。

另一方面，还有一种专注于“组合优化问题”的专用计算机的开发思路，称为“量子伊辛机方式”。是基于模拟磁性材料晶格的“伊辛模型”的计算模型推导出的解决方案。如果能够超高速解决优化问题，就可以引导适当的路径来缓解交通拥堵，通过判断化学结构的相似性，使材料开发和制药等行业更加高效。量子伊辛机方式目前发展较好的是基于东京工业大学的西森秀稔教授和门胁正史倡导的理论，创建的“量子退火方式”。2011 年，加拿大 D-Wave Systems 已将该方式商业化，2018 年 1 月，NEC 宣布将在 2023 年之前开发出量子退火型计算机。

2018 年 5 月，富士通用数字电路模拟量子退火方式的专用计算机“Digital Annealer”商业化。它具有同时计算 32 × 32 位 Ising 模型的功能，无论是依次访问多个基数的最短距离问题，还是 32 个基数的组合问题都能够处理。

此外，NTT 和国家信息学研究所（NII）等研究小组开发了一种“量子神经网络（QNN）”的量子计算方法，QNN 作为内阁的“创新研发推广计划（ImPACT）”内容，其特点是可以在室温下运行，与低温下操作的量子退火方式相比，在尺寸和功耗方面更加具有优势，QNN 在光纤环中循环激光，产生脉冲组，并将该脉冲组用作量子比特，并将其应用于优化问题。

（玄忠雄：日经×TECH、日经 Computer）

· 免疫检查点抑制剂

避免癌细胞的免疫逃避机制

免疫检查点抑制剂是一种用于治疗癌症的药物，作用原理是使 T 细胞检测、识别并攻击从自身免疫系统中脱逃的癌细胞。在人体中，存在着识别并消除异物的免疫系统，其中一种免疫细胞被称为“细胞毒性 T 细胞”，它能够识别和攻击异物，同时，免疫系统还有一种称为“免疫检查点”的机制，它可以控制免疫反应，使其不会因过度免疫反应而攻击自体细胞。

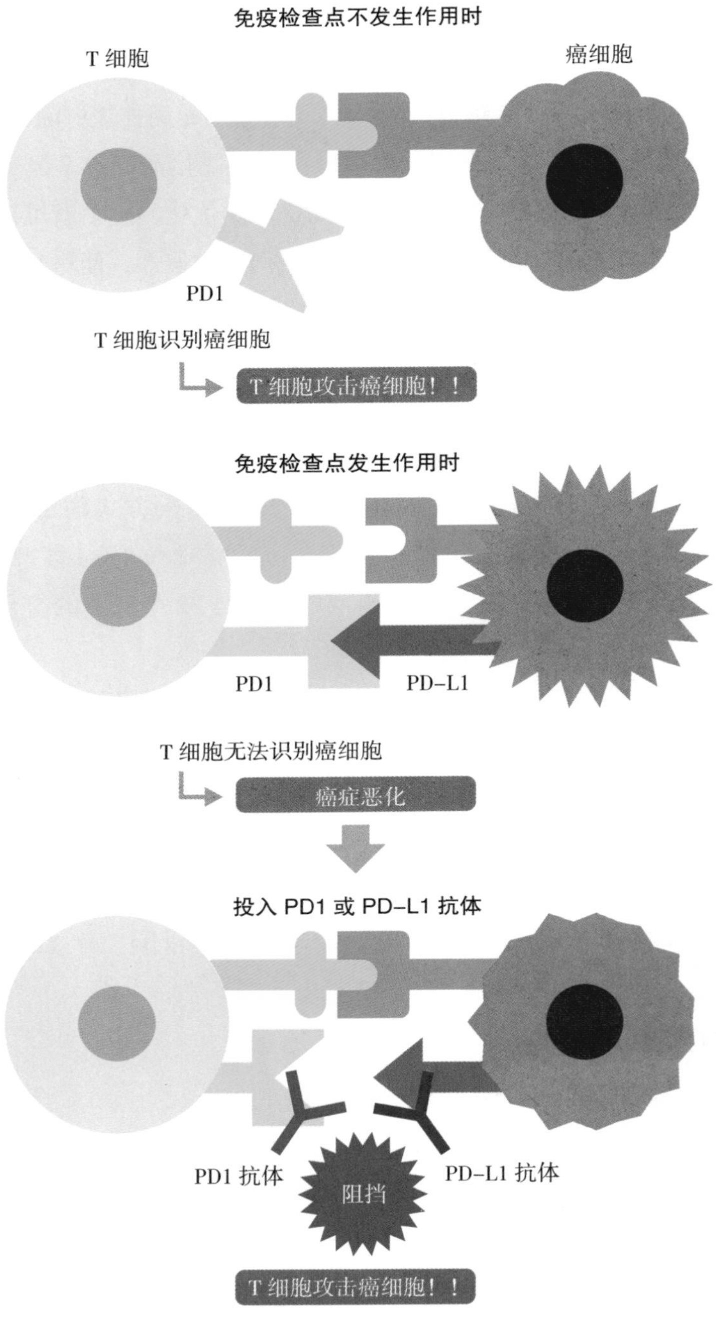

免疫检查点不发生作用时

T 细胞

癌细胞

PD1

T 细胞识别癌细胞

T 细胞攻击癌细胞！！

免疫检查点发生作用时

PD1

PD–L1

T 细胞无法识别癌细胞

癌症恶化

投入 PD1 或 PD–L1 抗体

PD1 抗体

阻挡

PD–L1 抗体

T 细胞攻击癌细胞！！

图 8–10　免疫检查点阻断剂

有一部分癌细胞能够利用免疫检查点（即肿瘤细胞逃避免疫攻击的关键点），逃避免疫系统的攻击，免疫检查点抑制剂是一种抗癌药物，顾名思义，它阻断了免疫检查点，并恢复细胞毒性 T 细胞对癌细胞的攻击力。

代表性药品有日本小野药品工业的“Opdivo”和美国默克集团的 MSD 的“Keytruda”。Opdivo 和 Keytruda 作用原理是，通过与细胞毒性 T 细胞表面的免疫检查点分子“PD1”结合，阻止某些癌细胞的“PD-L1”与 PD1 的结合，解除免疫反应的制动。

截至 2018 年 9 月，在日本，包括中外药业的“TECENTRIQ”在内，共计三种与 PD-L1 结合的药物被批准作为一部分癌症的治疗药物。一些与其他免疫检查点分子“CTLA4”结合的药物，如 Bristol-Myers Squibb 的“Yervoy”，也已被日本国内批准用于部分癌症。可以预见，今后各公司的开发竞争会更加激烈。

发现 PD1 的京都大学特别教授本庶佑和与发现 CTLA4 的美国得克萨斯州立大学 MD 安德森癌症中心的 James Alison 教授被授予了 2018 年的诺贝尔生理学或医学奖。

（高桥厚妃：日经 Biotech）

· LPWA

传感器网络遍布全国

LPWA（Low Power Wide Area）是应用于广域的无线通信技术，其日本国内市场预计在 2021 财年会迅速增长到 140 亿日元。NTT DoCoMo、KDDI、Soft Bank 三家主要通信企业开始提供手机通信方式 LTE 派生的“蜂窝 LPWA”服务，因为可以使用现有的手机基站，服务区域可以迅速扩展。LPWA 比传统的无线通信服务成本更低，且功耗也更低，并且为设备增加了通信功能，有望成为 IoT 的通信基础设施。

2017 年 11 月，第一环境公司受托接受了姬路市的水表读取工作之后，开始着手濑户内海的岛屿、西岛（兵库县姬路市）的水表自动读表工作。

他们用带有无线发射器的电子仪表更换岛上的现有水表，实现自动远程读取，该无线通信装置为 LPWA 的方法之一 ——Sigfox 通信费根据终端的数量决定，最便宜的情况下相当于每台机器每月约 8 日元。西岛由于终端数量较少，没有这么便宜，但加上云端的系统使用费，也比租船并且运送查表员上岛便宜。因测量法的执行令规定，水表的使用有效期为八年，在此期间需要在不更换电池的情况下持续运行，因此采用了低功耗的 LPWA。

此外，通过采用 LPWA 的 LoRaWAN 等，在山区斜坡上插入“桩传感器”，可以获取滑坡预兆，在住宅的内部可以监测浸水情况。使用与 LoRaWAN 兼容的 GPS 设备，还可以跟踪观察儿童上下学情况，相关演示实验也在进行当中。演示实验是将设备连接到书包上，当然，也可以从一开始就将通信功能整合到书包中。

出处：第一环境（左上），KYOCERA Communication Systems (KCCS)（左下），KDDI（中间），NTT Docomo（右）

8–11　孤岛、内网、山地使用 LPWA 示例

信息通信技术研究所的岸田重行高级主任研究员表示，“将继续开发未被注意的 LPWA 通信应用”。通过采用 LPWA 技术，西岛读表次数从每

两个月一次变为每天两次，水表的使用情况更加清晰，住户的安全可以通过水表的使用情况得到确认，可提供的服务得以增加。由此可见，LPWA 带来了新业务的产生，LPWA 利用的循环进一步扩大。

（大谷晃司：日经×TECH、日经计算机）

· 新一代防病毒软件

通过攻击者的行为检测

目前新一代防病毒软件出现了，它可以对抗以计算机病毒软件为代表的恶意软件。

新一代防病毒软件具有“行为检测”功能，能够发现恶意软件在个人计算机内部的移动，防病毒软件提供商通过机能学习和深度学习，分析大量收集到的恶意软件，了解恶意软件的行为，并使用防病毒软件进行病毒检测。

迄今为止的防病毒软件采取的方法是，供应商收集来自世界各地的恶意软件，掌握其特征，一旦发现入侵，立即启动和已入侵文件的匹配模式。虽然供应商在不断更新病毒库，但新病毒却发展迅速，世界上每秒都有数个病毒产生，事实上相同病毒二次使用可能只有 4%。

新一代防病毒软件不仅能够防御，还能够有效控制病毒感染，它具有“EDR（终端检测・响应）”功能，它不仅可以检测感染前的入侵，还可以在入侵后将其封锁，从而更易于应对。

EDR 与服务器端软件协作，通过检测行为感知入侵，阻止被攻击的进程并将其与网络隔离。此时，可以调查所需的通信，并且留下调查所需的日志。侵害后，应用补丁可以将系统恢复到被侵害前的状态。但由于操作负载较大，也可以使用外部管理服务。

美国新兴供应商，如 Carbon black、Cybereason，Cylance 和 Tanium 已先行一步安装了 EDR，传统供应商也不甘落后，目前 EDR 已安装在更高版本的 Windows 10 上。

此外，2017 年 11 月，日本经济产业省发布的“网络安全管理指南 Ver 2.0”

表明，需要重点关注“受到攻击后如何快速检测，响应和恢复”，因此，EDR 拥有的检测、响应和恢复功能对此作出响应。

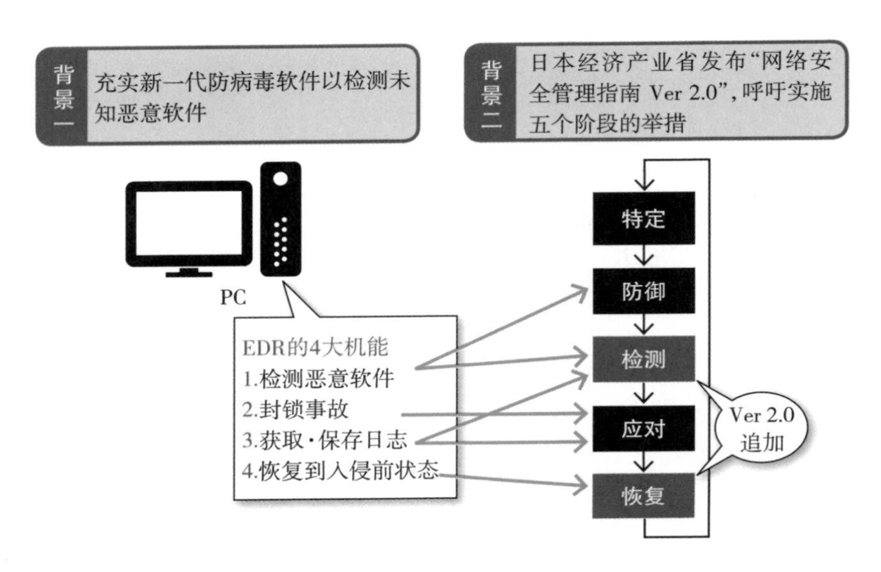

EDR：终端检测与响应

图 8–12　新一代防病毒软件的主要机能及日本政府的方针

（井上英明：日经×TECH、日经计算机）

图书在版编目（CIP）数据

黑科技：连接世界的100项技术 / 日本日经BP编；张小苑译．—北京：东方出版社，2019.11
ISBN 978-7-5207-1186-9

Ⅰ．①黑…　Ⅱ．①日…②张…　Ⅲ．①科学技术—普及读物　Ⅳ．①N49

中国版本图书馆CIP数据核字（2019）第193390号

黑科技：连接世界的100项技术
（HEIKEJI LIANJIE SHIJIE DE 100 XIANG JISHU）

编　　者：日经BP
译　　者：张小苑
责任编辑：刘　峥
出　　版：东方出版社
发　　行：人民东方出版传媒有限公司
地　　址：北京市朝阳区西坝河北里51号
邮　　编：100028
印　　刷：小森印刷（北京）有限公司
版　　次：2019年11月第1版
印　　次：2019年11月第1次印刷
印　　数：8000册
开　　本：710毫米×1000毫米　1/16
印　　张：16
字　　数：211千字
书　　号：ISBN 978-7-5207-1186-9
定　　价：69.80元
发行电话：（010）85924663　85924644　85924641